KB132845

짝짓기의 심리학

고즈윈은 좋은책을 읽는 독자를 섬깁니다.
당신을 닮은 좋은책—고즈윈

짝짓기의 심리학

이인식 지음

1판 1쇄 발행 | 2008. 4. 15.
1판 2쇄 발행 | 2008. 4. 25.

발행처 | 고즈윈
발행인 | 고세규
신고번호 | 제313-2004-00095호
신고일자 | 2004. 4. 21.
(121-819) 서울특별시 마포구 동교동 200-19번지 501호
전화 02)325-5676 팩시밀리 02)333-5980
www.godswin.com

값은 표지에 있습니다.
ISBN 978-89-92975-05-6

고즈윈은 항상 책을 읽는 독자의 기쁨을 생각합니다.
고즈윈은 좋은책이 독자에게 행복을 전한다고 믿습니다.

짝짓기의 심리학

당신은 누구와
사랑에 빠지는가

이인식 지음

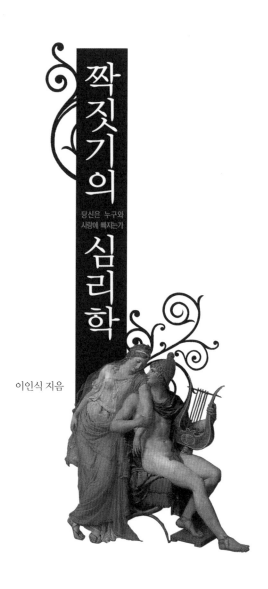

고즈윈
God'sWin

사람의 짝짓기는 남자와 여자가 몸과 마음의 모든 것을 걸고 펼치
는 한판 승부이다. 몸으로 표현되는 성 행동은 성과학(sexology)에
의해 어느 만큼 그 본질이 밝혀졌으나 마음의 한 단면인 성 심리
는 진화심리학이 등장할 때까지 상대적으로 연구가 미진한 상태
였다.

21세기 초부터 진화심리학자들은 인간의 마음속에서 서로 관
계가 없는 것으로 여겨지던 두 가지 요소인 짝짓기와 지능 사이에
다리를 놓는 작업에 착수하고, 그러한 성 심리를 짝짓기 지능
(mating intelligence)이라고 명명하였다. 이러한 접근방법은 인간의
짝짓기 행위를 이해하는 새로운 관점을 제공할 뿐만 아니라 짝짓
기와 연결된 심리 과정이 사람 마음의 진화에 크게 영향을 미쳤음
을 보여 주고 있다.

이 책은 짝짓기 지능이라는 새로운 틀로 인간의 짝짓기 행위를

분석한 연구 성과를 널리 알리기 위해 집필된 개론서이다. 6부로 구성되었으며 28개의 글로 꾸며졌다.

1부에서는 인간 짝짓기 행위의 시원을 탐색하는 방법으로 세계 신화에 나타나는 사랑의 다양한 모습을 살펴보았다.

2부는 성경 속에 기록된 여러 형태의 섹스를 에피소드 중심으로 소개한다.

3부에는 이 책의 핵심 주제인 짝짓기 지능에 대한 이론과 함께 진화심리학의 최근 연구 성과가 집약되어 있다. 특히 학계에서 아직 사용되지 않고 있는 짝짓기 지능지수(MQ)라는 용어를 만들어 선보인 점에 대해 독자 여러분의 양해를 구하고 싶다.

4부, 5부, 6부에는 인간의 짝짓기 행위를 이해하는 데 필수적인 지식과 정보를 모아 놓았다. 4부에서는 진화론의 측면에서 배란 은폐, 오르가슴, 정자 경쟁의 본질을 분석했으며, 5부에는 사

랑을 과학적으로 설명한 이론이 실려 있다. 끝으로 6부에서는 짝
짓기 행위의 사회적 측면을 간통, 강간, 근친상간 중심으로 살펴
보았다.

이 책의 출판 기획을 선뜻 받아들여 멋진 책으로 만들어 준 고즈
원의 편집진들에게 감사의 마음을 전한다. 특히 양서 출판의 집념
으로 똘똘 뭉친 고세규 사장에게 이 책이 행운을 안겨 주게 되길
바라는 마음 간절하다. 끝으로 나의 저술 활동을 무조건 성원하는
아내 안젤라에게 고마움의 뜻을 전하고 싶다.

2008년 4월 1일
서울 역삼아이파크에서
이인식 李仁植

6부 짝짓기의 변주곡

신화 속의 짝짓기

생사를 넘나드는
지독한 사랑

1

신화에서 신들은 산 자의 세계와 죽은 자의 세계를 오가는 것이 가능하다. 고대 문명의 땅 메소포타미아의 신화에는 신들이 명계를 들락거리는 이야기가 나온다. 티그리스-유프라테스 강 삼각주 유역의 메소포타미아 문명에는 3개의 신화가 전해 내려오고 있다. 메소포타미아 신화는 수메르, 바빌로니아, 아시리아의 신화로 나뉜다. 기원전 3000년 무렵부터 수메르인이 고대문명을 개화시켰고, 기원전 2000년 무렵에는 바빌로니아인이 메소포타미아의 새 주인으로 등장한다.

이슈타르의 명계 하강

바빌로니아 신화에서 그리스의 아프로디테와 비견되는 사랑의 여신 이슈타르는 사랑을 찾아 지하의 세계로 내려간다. 그녀는 죽음의 구렁텅이에 빠진 남편 탐무즈를 보기 위해 어둡고 무서운 저승으로 들어간 것이다. 저승은 이슈타르의 여동생인 에레슈키갈이 지배하고 있었다.

이슈타르는 죽은 영혼들처럼 지하세계로 통하는 일곱 개의 문을 지나야 했다. 문을 지날 때마다 의복과 장식품을 하나씩 빼앗겼다. 이슈타르는 첫 번째 문에서 머리에 쓰고 있던 큰 왕관을 빼앗겼다. 두 번째 문에서는 귀걸이, 세 번째 문에서는 목걸이, 네 번째 문에서는 가슴에 건 비녀장, 다섯 번째 문에서는 탄생석으로 만든 허리띠를 빼앗겼다. 여섯 번째 문에서는 손목과 발목의 장식, 마지막으로 일곱 번째 문에서는 그녀가 그렇게 자랑스럽게 여겼던 옷을 빼앗겼다. 이슈타르가 동생인 에레슈키갈 앞에 나서게 되었을 때는 벌거벗은 몸이었지만 여전히 떨고 있는 쪽은 동생이었다. 저승의 여주인은 이슈타르의 머리와 심장 등 몸의 모든 부분이 인간에게 주어지는 60가지의 질병에 걸리도록 괴롭혔다. 영원한 안락만을 알고 지내던 여신의

이슈타르가 사자의 등에 올라서 있다. 기원전 8세기

육체가 인간의 고통을 체험하게 된 것이다.

이슈타르 여신이 지옥의 여신에게 굴복하여 죽음을 맞게 되자, 그 영향이 곧바로 지상으로 파급되었다. 이슈타르가 죽자 땅 위의 모든 동물과 인간이 생명력을 상실했다.

> 어떤 수소도 암소에게 올라타지 못했고,
>
> 어떤 당나귀도 암컷 당나귀를 수태시키지 못했고,
>
> 젊은 남자는 거리에서 여자를 임신시키지 못했고,
>
> 젊은 남자는 그의 개인 방에서 잠을 잤고,
>
> 젊은 여자는 그녀의 친구들과 함께 잠을 잤다.

이슈타르의 죽음으로 지상에서 모든 생명의 샘이 말라 버리게 되자, 세상을 구하기 위해 신들이 나섰다. 생명의 물을 담은 자루를 에레슈키갈에게 보내서 이슈타르에게 뿌리도록 설득하여 가까스로 그녀를 죽음으로부터 해방시켜 이승으로 다시 돌아오게 하였다. 이슈타르는 저승에 들어갈 때 지나갔던 일곱 개의 문을 거꾸로 빠져나오면서 빼앗겼던 물건들을 돌려받았다.

이슈타르의 명계 하강 신화는 이슈타르가 석방된 대가로 그녀의 연인인 탐무즈를 저승에 남기는 것으로 끝을 맺는다. 어쨌거나 사랑을 위해 생명까지 내던진 이슈타르 여신의 신화는 이미 수천 년 전에 인류의 조상들이 위대한 사랑은 죽음조차 두려워하지 않는다는 사실을 알고 있었음을 보여 준다.

이를테면 신이나 인간 모두 사랑을 위해서라면 기꺼이 모든 것을 내던질 수 있었다. 사랑은 인간뿐 아니라 신에게도 행복이었던 것이다.

오르페우스의 아내 사랑

신화 속에서는 신들뿐만 아니라 사람들도 죽은 자의 세계를 다녀온 이야기가 전해진다. 저승 여행을 한 사람을 타나토노트(thanatonaute)라 이른다. 타나토노트는 죽음을 의미하는 타나토스(thanatos)와 여행객을 뜻하는 나우테스(nautes)의 합성어로서, 명계를 탐사한 사람들을 가리킨다.

그리스 신화에서 사랑을 찾아 저승 여행을 한 대표적인 타나토노트는 오르페우스이다. 오르페우스는 시와 노래로 온 세상을 충만하게 하는 가수였으며, 빛과 음악의 신인 아폴론으로부터 하사받은 리라(수금)의 연주가였다. 인간세계에서 최초의 시인이라 할 수 있는 그의 애절한 음악이 온 세상으로 퍼져 나가면 모든 생명의 영혼이 감동했다. 그는 님프인 에우리디케와 열렬한 사랑에 빠져 결혼했다. 두 사람은 세상에서 가장 잘 어울리는 한 쌍이었다. 어느 날 에우리디케는 리라를 연주하며 노래를 부르고 있는 오르페우스 곁에서 행복에 겨워 춤을 추다가 잠든 독사를 밟고 말았다. 독이 오른 뱀이 그녀의 발을 깨물었다. 뱀의 독이 에우리디케의 온몸으로 퍼져 가서 목숨을 잃고 말았다. 아내를 잃은 지 열흘째 되는 날, 오르페우스는 어떤 인간도 해 보지 못한 생각을 하게 되었다. 저승의 신인 하데스가 지키는 지하세계로 내려가 사랑하는 아내를 찾아오기로 마음먹었던 것이다.

오르페우스는 저승으로 통하는 길을 찾아내고, 긴 동굴 속으로 나 있는 길을 따라 끝없이 아래로 아래로 내려갔다. 마침내 지옥의 여러 강 중에서 가장 유명한 스틱스 강에 이르렀다. 카론이 나타나서 자신의 배에 살아 있는 사람은 절대로 태우지 않는다고 소리쳤다. 카론은 뱃삯을 받고 소가죽 배로 혼령을 강의 건너 쪽, 곧 피안으로 실어다 주는 뱃사공 영감이었다. 오르페우스는 리라를 연주했다. 카론은 음침하기만 한 저승 입구에서 한 번도 들어 보지 못한 황홀한 선율에 넋을 잃고 자기도 모르게 저승 문 앞까지 나룻배를 저어 갔다.

오르페우스는 하데스 앞에 섰다. 살아 있는 사람이 저승세계로 들어와서 하데스는 몹시 화가 났다. 그러나 오르페우스가 리라를 연주하며 노래를 부르기 시작하자 하데스는 음악에 도취되었다. 저승세계의 모든 이들이 오르페우스의 음악에 매료되었다. 죽은 자들의 영혼도 가슴을 찢어 내는 듯한 노랫소리에 귀를 기울였다. 그런데 죽은 자들 가운데서 젊은 여자 영혼이 갑자기 오르페우스 앞으로 달려 나왔다. 사랑하는 사람의 노래를 듣고 달려 나온 에우리디케였다. 그 순간 저승세계의 법이 무너졌다. 죽은 자와 산 자는 결코 만날 수 없는데, 에우리디케의 영혼이 살아 있는 오르페우스의 품에 뛰어들었기 때문이다.

지옥의 왕인 하데스는 놀랍게도 이들에게 벌을 내리기는커녕 오르페우스에게 에우리디케를 이승으로 데려갈 것을 허락했다. 하데스는 한 가지 조건을 달았다.

"너와 함께 에우리디케를 내보내 주마. 네가 앞서서 가면 그녀는 네 뒤를 따를 것이다. 하지만 너는 햇빛을 보기 전에는 절대로 뒤를 돌아보아서는 안 된다. 지상에 닿기 전에 뒤를 돌아보면 에우리디케는 다시 지하세계로 돌아오게 될 것이다."

두 사람은 오르페우스가 앞서고 조금 떨어져 에우리디케가 뒤따르면서 저승 문을 통과했으며, 카론의 나룻배를 타고 스틱스 강을 건너 되돌아 나왔다.

오르페우스는 에우리디케가 뒤따라오고 있는지 궁금해서 견딜 수 없었다. 그런데 오르페우스는 에우리디케의 발소리가 들려오지 않자 카론이 배에 태우지 않았을지 모른다는 생각이 퍼뜩 스쳐갔다. 마침내 햇빛이 희미하게 보이기 시작하자 오르페우스는 에우리디케가 자신의 뒤에 없을 것 같은 불안감에 사로잡혀 고개를 돌리고 말았다. 그 순간 에우리디케의 슬픈 눈망울이 그를 원망하듯 쳐다보았다. 그는 그녀를 껴안으려고 했으나 바람 앞의 물결처럼 어두운 지옥으로 사그라지고 말았다.

오르페우스는 7일 동안 스틱스 강가를 서성이면서 카론에게 강을 건너게 해 달라고 애걸복걸했다. 결국 8일째 되는 날 오르페우스는 아내를 찾는 일을 포기하고 고향으로 돌아왔다. 몇 해가 지났건만 오르페우스는 에우리디케 생각뿐이었다. 고향에서 성대한 축제가 열렸는데, 여자들은 오르페우스에게 리라를 연주하고 노래를

오르페우스가 뒤돌아보는 순간 에우리디케가
지하세계로 사라진다. 티치아노의 그림

불러 달라고 청했지만 그가 응할 리 만무했다. 거절당한 여자들은
축제가 끝날 무렵 술이 잔뜩 취한 오르페우스를 공격해서 온몸을
갈기갈기 찢어 죽였다.

오르페우스의 영혼은 부리나케 에우리디케가 기다리는 저승으
로 달려갔다. 두 사람은 저승에 햇빛도 없고 음악 소리도 들리지
않았지만 마냥 행복하기만 했다. 그들은 이제 죽음 따위로 다시 헤
어지게 될 일이 없었기 때문에 마음 놓고 뜨거운 사랑을 나눌 수 있

었던 것이다. 오르페우스와 에우리디케는 진정한 사랑이란 모든 경계를 허물고 죽음조차 초월할 수 있음을 증명해 보인 셈이다.

큐피드와 프시케

그리스 신화에서 사랑과 미의 여신인 아프로디테는 로마 신화에서 비너스로 불린다. 아프로디테의 아들인 에로스의 라틴어 이름은 큐피드이다. 연애의 신인 큐피드는 아름답지만 장난기가 많은 소년이었다. 그는 활과 화살을 지닌 채 늘 비너스를 따라다니면서 신이나 사람들에게 화살을 쏘아 댔다. 큐피드의 화살은 누구도 피할 수 없었고, 그 화살에 맞으면 어쩔 수 없이 사랑에 빠지게 되어 있었다. 그러한 큐피드가 한 여인을 사랑하게 되었다.

옛날 어느 왕에게 세 딸이 있었는데, 막내인 프시케는 미모가 어찌나 출중했던지 온 세상에 명성이 자자했으며, 그녀의 이름만 듣고도 사내들이 기절할 정도였다. 사람들은 그녀를 비너스와 비교하면서 그녀가 가는 길 위에 꽃을 뿌렸지만 아무도 비너스의 신전을 돌보지 않게 되었다. 비너스는 불사의 존재인 신들에게만 바쳐져야 하는 경의를 필멸의 존재인 인간에게 표하는 것을 지켜보면서 분노했다. 그녀는 큐피드를 불러 프시케에게 화살을 쏘아 그녀가 세상에서 가장 미천하고 볼품없는 사내와 사랑에 빠지게 만들어 달라고 부탁했다.

큐피드는 잠든 프시케를 본 순간 어머니의 분부는 까맣게 잊어버리고 사랑에 푹 빠지게 되었다. 그 후로도 남자들은 그녀의 아름다움을 찬미했지만 왕도 왕자도 평민도 누구 하나 그녀에게 청혼하는 사람이 나타나지 않았다. 프시케는 독수공방하는 처지가 되었다. 그녀의 부모는 델포이에 있는 아폴론의 신전으로 찾아가서 조언을 구하기로 했다. 아폴론은 누나인 비너스의 노여움을 사고 싶지 않았기 때문에 다음과 같이 신탁을 내렸다.

"그 처녀는 인간에게 시집을 갈 팔자가 아니다. 그녀의 장래의 남편이 산꼭대기에서 그녀를 기다리고 있다. 그는 괴물로서, 신도 인간도 그에겐 반항할 수 없다."

프시케의 부모는 신탁의 지시대로 딸을 산꼭대기의 외딴 바위에 데려다 놓았다. 프시케는 하염없이 울고 울다가 이내 잠이 들었다. 다음 날 잠에서 깨어난 프시케는 신의 행복한 휴식처라는 느낌을 주는 화려한 궁전에 있는 자신을 발견했다. 프시케는 아름다운 시녀들의 시중을 받으면서 푹신한 침대에서 깊은 잠에 빠졌다. 한밤중이 되자 난생 처음 들어 보는 달콤한 목소리가 그녀를 깨웠다. 다름 아닌 연인의 목소리였다. 어둠 속에서 느껴지는 연인의 피부는 아폴론의 신탁처럼 날개 달린 괴물이 아니었다. 프시케는 그 남자와 첫날밤을 치르고 나서 그의 얼굴을 봐야겠다고 결심했다. 그러나 그 연인은 프시케가 자신의 얼굴을 보아서는 안 된다고 고집을 피웠다. 그는 프시케가 자신의 얼굴을 한 번이라도 보게 되면 그녀의 곁을 영원히 떠나야만 할 것이라고 말했다. 하지만 프시케는 궁전으로 놀러온 두 언니의 꼬임에 넘어가서 연인의 얼굴을 훔쳐보기로 결심했다. 마침내 그가 침실로 들어와 깊은 잠에 빠지자

연애의 신인 큐피드가 프시케를 사랑하게 된다.
프랑수아 제라르의 그림

프시케는 밖으로 나가 등잔불을 가져왔다. 처음으로 밝은 불빛 아래서 연인의 얼굴을 본 프시케는 자신의 눈을 의심했다. 그는 무서운 괴물이 아니라 아름답고 매력적인 신이었기 때문이다. 금빛 곱슬머리는 눈처럼 흰 목과 진홍색의 볼 위에서 물결쳤으며, 어깨에는 이슬에 젖은 두 날개가 반짝이고 있었다. 프시케는 멋진 연인에게 입을 맞추려고 고개를 숙였다. 그런데 등잔에서 기름 한 방울이 그의 어깨로 떨어지자 깜짝 놀라서 깨어났다.

그는 침대에서 일어나 말 한마디 없이 흰 날개를 펴고 창밖으로 날아갔다. 그는 비로소 자신이 누구인지 처음으로 밝혔다. 프시케는 처음으로 그가 연애의 신인 큐피드임을 알게 되었다. 프시케는 큐피드를 찾아 밤낮으로 먹지도 않고 자지도 않으면서 방황하였다. 결국 프시케는 비너스를 찾아가서 무릎을 꿇고 용서를 빌기로 했다. 오로지 남편인 큐피드를 찾겠다는 일념에서였다.

비너스는 드디어 자신의 경쟁 상대인 프시케에게 복수할 기회가 온 것이 기쁘기 그지없었다. 비너스는 프시케에게 갖가지 불가능한 과제를 안겨 주었다. 그러나 큐피드는 온갖 방법을 동원해서 프시케가 비너스의 과제를 완수하도록 도와주었다. 비너스는 프시케가 어려운 과제를 해결하자 그녀에게 저승으로 가서 과제를 수행하라고 명령했다.

"지하세계의 여왕인 페르세포네에게 찾아가서 그녀의 아름다움을 조금 얻어서 이 상자에 담아 오너라."

페르세포네는 농업의 신인 데메테르의 외동딸인데, 저승세계의 왕인 하데스에게 납치되어 지옥에 살고 있었다. 페르세포네는 일 년의 절반은 지상으로 올라와 어머니와 살고, 나머지 절반은 지하 왕국에서 남편인 하데스와 살았다. 페르세포네가 지상에 머무는 봄과 여름에는 대지가 꽃으로 뒤덮였지만, 그녀가 지하에서 사는 가을과 겨울에는 대지에 어떤 농작물도 자라지 않았다.

프시케는 이제야 자신의 종말이 가까이 왔다고 믿었다. 지하세계에 내려갔다가 살아서 돌아온 인간은 거의 없었기 때문이다. 그러나 프시케는 주변의 도움을 받아 무사히 저승으로 들어갈 수 있었다. 그녀가 페르세포네가 앉아 있는 옥좌로 다가서자 여신은 선뜻 자신의 아름다움을 상자에 담아 주었다. 프시케는 비너스의 어려운 과제를 해결하고 온 길을 다시 돌아 나오면서 기쁘기 그지없었다. 그러나 상자 안에 들어 있는 것을 보고 싶어 견딜 수 없었다. 영원한 아름다움을 간직할 수 있는 비결이 손안에 들어왔는데, 어느 여자가 그것을 보고 싶은 유혹을 뿌리칠 수 있겠는가. 호기심이 발동한 프시케는 상자를 열고 말았다. 그러나 상자 속에는 아름다움이라곤 조금도 보이지 않았고 저승세계의 깊은 잠만이 들어 있었다. 상자 속에 갇혀 있던 잠이 해방되어 프시케를 정복했다. 프시케는 모든 감각을 상실하고 훨씬 아름다운 모습으로 시체가 되어 길 한가운데에 쓰러져 있었다.

한편 큐피드는 프시케를 만나는 것이 금지되어 비너스의 궁전에 머물러야 한다는 명령을 받았지만, 그녀가 보고 싶은 마음이 간절하여 어머니 몰래 창문 틈으로 빠져나왔다. 그는 프시케가 쓰러져 있는 곳으로 날아가서 페르세포네가 준 아름다움을 상자 안에 도로 담아 넣은 다음에 프시케에게 입을 맞추었다. 그러자 프시케는 깊은 잠에서 깨어났다. 큐피드는 그녀에게 어머니가 내린 임무를 완수했으므로 그 상자를 들고 어서 비너스에게 가라고 말했다.

프시케가 페르세포네의 아름다움을 담은 상자를 들고 비너스의 궁전으로 출발하자 큐피드는 신들의 왕인 제우스 앞에 나아가서 프시케에 대한 사랑을 털어놓고 그녀와 영원히 결합할 수 있도록 해 달라고 탄원하였다. 제우스는 큐피드에게 다음과 같이 말했다.

"내가 할 일이 뭐가 있으리오. 일단 육체적 사랑(에로스)과 정신적 사랑(프시케)이 결합한 이상, 신조차도 그것을 갈라놓을 수는 없을 걸세."

제우스는 프시케를 하늘로 데려오게 하여 불사의 신으로 만들어 주었다. 프시케와 큐피드는 마침내 부부로 결합하여 신들의 세계에서 행복하게 살았다. 비너스는 자신의 경쟁자가 지상에서 사라져서 자신이 인간의 숭배를 독차지하게 되었기 때문에 착한 시어머니가 되었다.

미국의 저술가인 토마스 벌핀치(1796~1861)는 『고대 신화 *Mythology*』에서 큐피드와 프시케의 사랑에 대해 다음과 같이 결론을 내렸다.

희랍어 '프시케'는 나비라는 의미와 영혼이란 의미를 가지고 있다. 영혼불멸의 보기로서 나비와 같이 뚜렷하고 아름다운 것은 없다. 나비는 기어 다니는 모충의 침울한 생활을 끝마친 뒤에, 지금까지 누워 있던 분묘로부터 아름다운 날개를 벌리고 나타나서 날 밝은 데서 날아다니며, 봄의 가장 향기롭고 맛있는 생산물을 먹는다. 그러므로 프시케는 갖은 고난에 의하여 정화된 후에, 진정하고 순결한 행복을 누릴 준비가 된 인간의 영혼인 것이다.

큐피드와 프시케의 사랑은 육체적 사랑(에로스)과 영혼(프시케)이 수많은 시련을 겪어야만 결합할 수 있다는 사실을 일깨워 준다.

제우스의 변신술에
넘어간 여인들

2

　　그리스 신화의 최고신인 제우스는 올림포스에 살면서
모든 것을 다스렸다. 제우스는 올림포스의 산봉우리 위에 있는 황
금 궁전의 왕좌에 앉아서 신들과 인간을 통치했다.

　신들 중에서 가장 힘이 센 제우스는 하늘의 왕국에서 땅을 굽어
보며 세상을 다스렸다. 그가 눈썹을 한 번 치켜뜨기만 하면 시커먼
구름이 금세 하늘을 뒤덮었고, 그가 손을 한 번 흔들기만 하면 천
둥소리가 나고 번갯불이 번쩍였다.

　제우스는 올림포스 궁전 안에서 상상을 초월하는 결혼식을 하여
헤라를 아내로 맞아들였다. 헤라는 제우스와 함께 하늘을 다스렸
으며, 여신 중에서 으뜸이었다. 그녀는 모든 여성의 보호자였으며,

모든 결혼식에 참석하여 인간의 아내들이 행복한 가정을 꾸리기를 기원했다. 그래서 헤라는 결혼식의 서약을 어기고 가정에 충실하지 않는 여자는 절대로 용서하지 않았다.

헤라는 아내로서 제우스에게 더할 나위 없이 헌신적이었다. 하지만 전지전능한 최고신답게 제우스는 마음에 드는 여자가 눈에 띄면 기어코 정복하고야 말았다. 그는 여자에게 접근할 때 자신의 모습을 바꾸는 기만행위를 서슴지 않았다.

소나기, 백조, 황소로 둔갑

다나에는 어느 왕국의 아름다운 공주였다. 다나에의 아버지는 그녀가 낳을 영웅이 왕국을 다스릴 것이라는 신탁을 받고 겁에 질렸다. 다나에의 아들, 곧 외손자에 의해 죽임을 당할 운명이었기 때문이다. 왕은 그 얄궂은 운명을 피하는 유일한 방법은 외동딸인 다나에를 결혼시키지 않는 것이라고 생각했다. 그래서 다나에를 지하 감옥에 가두어 버렸다. 아무도 만나지 못하게 하면 아이를 임신할 수 없을 터이므로 외손자가 태어날 리 만무했기 때문이다.

너무나 예쁜 다나에에게 반한 제우스는 황금 소나기로 변신해서 창문 틈을 통해 다나에가 갇혀 있는 감옥으로 들어갔다. 다나에는 아홉 달 뒤에 제우스의 아들인 페르세우스를 낳았다. 페르세우스는 괴물 여인인 메두사를 처치한 그리스의 전설적인 영웅이다. 훗날 신탁이 실현되어 다나에의 아버지는 페르세우스에 의해 목숨을 잃는다.

제우스가 황금비로 변신하여
다나에에게 다가간다.
얀 고사르트의 유화

제우스는 백조로 변신하여
레다 왕비를 임신시킨다.
미켈란젤로의 〈레다와 백조〉

제우스는 동물로 변신하기도 했다. 제우스는 스파르타의 왕비인 레다가 강에서 목욕하는 것을 보고 욕정을 느꼈다. 그는 백조로 변신하여 레다 앞에 나타나서 임신을 시켰다. 레다 왕비는 알을 낳았다. 그 알에서 온 세상에서 가장 예쁜 딸인 헬레네가 태어났다. 헬레네는 제우스가 인간 여인의 몸에서 얻은 유일한 딸이었다. 그녀의 상상할 수조차 없는 아름다움 때문에 두 차례나 전쟁이 일어났다. 그녀가 열두 살이었을 때, 아테네의 왕인 테세우스가 그녀를 한 번 보고는 사랑에 빠졌다. 쉰 살에 재혼하기로 작정한 테세우스는 스파르타로 가서 친구들과 춤추고 있는 어린 소녀를 둘러업고 아테네로 납치했다. 이 때문에 스파르타와 아테네 사이에 전쟁이 일어나고 말았다.

훗날 헬레네는 처녀로 자라나서 스파르타의 왕비가 되었다. 헬레네도 아름다웠지만 그녀의 남편 역시 그리스의 모든 왕국에서 가장 잘생기고 체력도 가장 좋았다. 하지만 헬레네는 스파르타를 방문한 트로이의 파리스 왕자와 눈길이 마주친 순간 사랑의 불길에 휩싸이고 말았다. 헬레네는 파리스의 구애를 받고 함께 트로이로 도망을 친다. 스파르타 왕은 아내를 훔쳐 간 파리스를 응징하기 위해 그리스 영웅들로 군대를 만들어 트로이로 향한다. 9년 동안 계속된 트로이 전쟁이 발발하게 된 것이다.

에우로페는 페니키아 왕의 딸이었다. 제우스는 이 아름다운 공주를 그리스로 데려가 아내로 삼기로 마음먹고 하얀 황소로 둔갑하여 그녀에게 접근했다. 에우로페는 아름답고 점잖아 보이는 황소에게 마음이 끌려 친구가 되었다. 황소는 에우로페를 등에 태우고 처음에는 해변을 걷다가 바다 속으로 들어갔다. 공포에 질린 공주는 황소의 뿔을 꽉 잡고 있는 힘을 다해 도와 달라고 소리쳤지만 이미 때는 늦은 뒤였다. 황소로 변신한 제우스는 크레타 섬으로 헤엄쳐 갔다. 그날 이후로 크레타 섬을 비롯한 그리스 등 서쪽 대륙은 동쪽에서 나타난 아름다운 처녀의 이름인 에우로페(유럽)로 불리게 되었다. 에우로페는 크레타 섬에서 제우스의 아들 세 명을 낳았다. 큰아들인 미노스는 크레타 왕조를 세웠다.

황소로 둔갑한 제우스가 에우로페를 납치한다.
프란체스코 알바니의 〈에우로페 납치〉

딸이나 남편으로도 변신

제우스는 여신이나 사람으로 변신해서 여자에게 접근할 정도로 수단 방법을 가리지 않았다. 제우스는 아르테미스의 시종인 요정을 보고 정념의 불길이 머리끝까지 타올라 그녀를 정복하기로 마음먹었다. 제우스의 딸인 아르테미스는 아폴론의 쌍둥이 누이로서 사냥의 여신이었다. 그녀를 수행하는 요정들도 창이나 활을 들고 울창한 숲 속을 누볐다. 제우스가 눈독을 들인 처녀는 아르테미스가 가장 아끼는 요정인 칼리스토였다.

제우스는 딸인 아르테미스로 둔갑하여 숲 속에서 쉬고 있는 칼리스토에게 다가갔다. 제우스는 그녀에게 입맞춤을 했다. 칼리스토는 평소에 여신이 시종인 요정들에게 하는 입맞춤이 아니라는 느낌을 받았지만 개의치 않았다. 그러나 잠시 뒤에 제우스는 본색을 드러내고 칼리스토를 겁탈했다. 얼마 뒤에 진짜 아르테미스가 나타나서 그녀를 불렀으나 도망을 치려 했다. 아르테미스로 둔갑한 제우스라고 착각했기 때문이다.

어느 뜨거운 여름날, 아르테미스는 사냥을 끝낸 뒤 요정들에게 모두 옷을 벗고 시냇물에서 먹을 감으라고 지시했다. 칼리스토는 동료들의 강요로 알몸이 되었으며 결국 임신한 사실이 들통 나고 말았다. 아르테미스의 불호령이 떨어졌으며 쫓겨났다.

이윽고 칼리스토는 아들을 순산했다. 헤라는 지아비가 바람을 피운 것도 참을 수 없었지만 자식까지 태어나서 분노했다. 질투로 눈이 먼 헤라는 남편의 혼을 빼놓은 칼리스토의 아름다움을 빼앗아 버릴 궁리를 했다. 마침내 헤라는 칼리스토를 곰으로 만들어 버렸다. 곰이 된 요정은 산속에서 외롭게 살았다.

한편 칼리스토의 아들은 열다섯 살 되던 해에 산속에서 짐승을 쫓다가 한 마리의 곰을 발견했다. 곰의 모습을 한 칼리스토는 아들에게 다가갈 수 없어 가슴이 아팠다. 그녀가 한 발짝만 접근해도 아들이 창을 던질 태세였기 때문이다. 하마터면 아들이 어머니를 알아보지 못하고 살해할 뻔한 순간에 제우스가 손을 썼다. 제우스는 두 사람을 하늘로 데려가 이웃한 두 개의 별자리에 박아 주었다. 어머니는 큰곰자리에, 아들은 작은곰자리에 앉힌 것이다.

제우스는 좋아하는 여인의 남편으로 둔갑하여 속임수로 뜻을 이루기도 했다. 알크메네는 테베의 왕비였다. 그녀는 키가 크고 당당했으며 세상에서 가장 아름답고 지혜로운 여자였다. 테베의 왕은 결혼식이 끝나자마자 신부에게 작별을 고하고 싸움터로 나갔다. 며칠 뒤 제우스는 알크메네의 남편으로 변신하여 알크메네의 침실로 뛰어들었다. 그는 전쟁에서 승리했다는 소식을 전하면서 알크메네에게 입맞춤을 퍼부었다. 알크메네는 제우스를 남편으로 믿고 하룻밤을 함께 보냈다. 새벽이 되어 제우스가 소리 없이 사라진 뒤에 진짜 남편이 나타났다. 전쟁에서 이기고 돌아온 그는 신부를 껴안으려 달려들었다. 그러나 알크메네는 그를 밀쳐 냈다. 테베의 왕은 델포이 신전으로 가서 그가 왕궁을 비운 사이에 벌어졌던 일을 알게 되었다. 알크메네가 제우스의 아들을 낳게 될 것이라는 이야기도 들었다. 그리스에서 가장 위대한 영웅인 헤라클레스는 그렇

제우스에게 속아 헤라클레스를 낳은 알크메네는 죽은 뒤에 극락의 섬으로 간 것으로 전해진다. 기원전 350~325년의 그리스 화병

게 태어난 것이다. 제우스는 헤라클레스가 태어나면 모든 그리스인이 그의 뜻에 복종하게 될 것이라고 말했다. 헤라클레스가 태어난 뒤로는 어떤 여자도 제우스의 아이를 낳지 않았다.

하지만 헤라는 알크메네에 대한 질투심이 끓어올라 헤라클레스를 짓밟고야 말겠다는 결심을 한다. 헤라는 아기인 헤라클레스를 죽이려고 그가 잠든 요람으로 뱀을 들여보냈으나 암살에 실패했다. 아기가 거대한 뱀 두 마리를 손으로 잡아 죽였기 때문이다. 헤라는 헤라클레스가 어른이 된 뒤에도 그를 미치게 만들어 사랑하는 가족을 모두 살해하게 만들었다. 그는 그 참혹한 행위에 대해 속죄하기 위해서 영웅이 아니면 해낼 수 없는 열두 가지의 과제를 떠맡아 성공적으로 완수한다.

동물들도 변장하여 도둑장가 든다

Tip 제우스처럼 짝짓기를 위해 다른 모습으로 변장하는 동물들이 적지 않다. 수컷들이 암컷의 겉모습과 행동을 흉내 내어 다른 수컷 몰래 도둑장가를 드는 전략을 대체생식행동(alternative reproductive behavior)이라 한다.

미국의 동물학자인 마티 크럼프가 펴낸 『멍청한 수컷들의 위대한 사랑 *Headless Males Make Great Lovers*』(2005)에는 뛰어난 동물 에세이답게 제우스처럼 암컷 흉내를 내며 짝짓기 기회를 노리는 동물들의 사례가 흥미롭게 소개되어 있다. 가령 갑오징어, 바다쥐며느리, 블루길, 범얼룩도롱뇽 등의 수컷이 선택하는 짝짓기 전략은 제우스가 사용한 변신 방법과 크게 다르지 않다.

오징어와 문어의 가까운 친척인 갑오징어 집단에서 수컷은 몸 크기에 따라 서로 다른 짝짓기 행동을 나타낸다. 몸집이 가장 큰 수컷은 공공연히 짝짓기를 하면서 암컷을 계속 지킨다. 그러나 몸집이 작은 수컷은 큰 수컷 몰래 짝짓기를 하는 전략을 택한다. 그러한 짝짓기 방법의 하나는 암컷을 흉내 내는 것이다. 알을 낳는 암컷의 몸 색깔과 자세를 흉내 내어 짝짓기를 하고 있는 한 쌍에게 접근한다. 짝짓기를 끝낸 수컷이 물러나면, 암컷에게 달려들어 교미를 시도한다. 큰 수컷이 암컷 흉내를 낸 작은 수컷에게 속아서 짝짓기를 하려고 달려들 정도로 완벽하게 변신을 하는 것으로 알려졌다.

1부 · 신화 속의 짝짓기

짝사랑은
끝이 슬프다

3

그리스 신화에서 빛과 음악의 신인 아폴론은 제우스의 아들로서 사냥의 처녀신 아르테미스의 쌍둥이 남동생이다. 신들 가운데 가장 잘생긴 아폴론은 한 번도 결혼하지 않고 말 그대로 즐기면서 살았다. 아폴론이 처음으로 사랑한 여인은 강의 신의 딸인 요정 다프네이다.

아폴론과 다프네

어느 날 아폴론은 델포이에서 황금화살로 멀리 떨어진 나뭇가지에 매달린 사과를 맞히고 있었다. 델포이는 그리스 중부에 위치한 파르나쏘스 산기슭에 있는 마을이다. 날개 달린 에로스가 델포이로 날아와서 아폴론 앞에서 활을 뽑아 그 사과를 겨냥하는 시늉을 했다. 아폴론이 자존심이 상해서 역정을 냈다.

"이 건방진 꼬마 녀석아. 어른들이 전쟁 때 쓰는 무기로 무슨 짓을 하려는 거냐. 그런 위험한 무기는 나 같은 용사의 어깨에 걸어야 어울린단다. 어린애들은 불장난을 좋아한다니까, 횃불 같은 것으로 사랑의 불이나 지르고 다니거라. 감히 네 솜씨로 나한테 대들다니. 하룻강아지 범 무서운 줄 모르는구나."

"아폴론 어르신. 당신의 화살은 실수하는 법이라곤 없지요. 하지만 내 화살도 그대를 정확히 맞힐 수 있거든요."

에로스는 아폴론보다 더 화를 내며 곧장 날개를 펴고 파르나쏘스 산으로 날아갔다. 에로스는 화살 통에서 만든 사람이 서로 다른 화살 두 개를 끄집어냈다. 하나는 사랑이 생기게 하는 금화살이고, 다른 하나는 사랑을 거절하게 하는 납화살이었다. 에로스는 금화살을 아폴론의 가슴에 쏘고 납화살은 다프네에게 쏘았다. 금화살을 맞은 아폴론은 다프네를 열렬히 사랑하게 되었다. 그러나 납화살을 맞은 다프네는 아폴론을 보자마자 온 힘을 다해 달아났다. 아폴론이 가까이 다가올수록 그녀는 더 빨리 달렸다. 젊고 잘생긴 신과 아름다운 요정은 쫓고 쫓기며 빠르기를 겨루었다. 그러나 쫓는 쪽이 더 빠를 수밖에 없었다. 아폴론에게는 에로스의 화살, 곧 사랑하는 마음이 함께하고 있었기 때문이다. 마침내 다프네는 지치기 시작했고 아폴론의 숨결이 다프네의 목에 닿을 수 있는 거리까지 따라붙었다. 다프네는 더 이상 달아나지 못하고 얼굴이 창백해졌다. 그녀는 강의 신인 아버지를 향해 소리쳤다.

"아버지, 저를 도와주세요. 저는 아폴론을 남편으로 삼고 싶지
않습니다. 아폴론이 내 몸에 손을 대게 하느니 차라리 바위나 나무
가 되겠습니다."

다프네는 말을 채 끝마치기도 전에 사지가 풀리는 듯한 피로를
느꼈다. 조금 전만 해도 그렇게 힘차게 달리던 두 다리는 벌써 땅
을 향해 뿌리를 뻗기 시작했다. 그녀의 두 팔은 가지가 되고 머리
카락은 나뭇잎이 되었다. 그녀의 몸은 나무줄기가
되고 그 부드럽던 젖가슴은 보들보들한 나무껍
질로 덮이기 시작했다. 다프네의 모습은 사라
졌으나 그 자리에는 아름답고 향기 나는
나무 한 그루가 서 있었다. 다름 아닌
월계수(daphne)이다.

다프네가 아폴론 앞에서
월계수로 바뀌고 있다.

38

아폴론은 다프네가 나무가 되었지만 여전히 사랑했다. 월계수의 갓 생긴 껍질 밑에서 그녀의 심장이 뛰는 것을 느꼈다. 그는 월계수 가지를 포옹하고 입술을 갖다 대었다. 그러나 가지들은 그의 키스를 받지 않으려고 움츠렸다. 아폴론은 중얼거렸다.

"내 아내가 될 수 없게 되었으니 이제 내 나무가 되게 하겠다. 내 왕관으로 그대를 머리에 쓰고, 내 리라와 화살 통에 그대의 가지를 꽂을 것이다. 위대한 정복자들이 개선행진을 할 때 나는 그들의 이마에 그대의 잎으로 엮은 관을 씌우리라. 그리고 영원히 싱싱한 내 머리카락처럼, 그대의 잎으로 만든 월계관(laurel) 또한 영원히 시들지 않으리라."

월계수는 가지를 앞으로 구부리고 잎을 흔들었다. 자신을 짝사랑한 아폴론에게 다프네가 감사의 뜻으로 고개를 끄덕이는 것처럼 보였다.

파이드라의 빗나간 짝사랑

그리스 신화에는 여자들의 나라인 아마존이 나온다. 아마존의 여인들은 전쟁의 신인 아레스의 자손들로서 그로부터 전쟁 기술을 배웠다. 아마존 여인들은 전쟁을 좋아해서 지구상의 어떤 군대도 대항할 수 없을 정도로 용맹스러웠다.

아마존의 여인들과 맞닥뜨린 영웅으로는 헤라클레스와 테세우스를 꼽을 수 있다.

헤라클레스의 열두 가지 난제 중에서 아홉 번째 과업은 아마존

헤라클레스가 히폴리테 여왕의 허리띠를 가져왔다.
기원전 510~500년의 그림

의 여왕인 히폴리테의 허리띠를 가져오는 것이었다. 히폴리테 여
왕이 차고 있는 마법의 허리띠는 아레스가 준 것으로 힘과 권위의
상징이었다. 아마존 여인들은 세 개의 도시를 가지고 있었는데, 수
도는 히폴리테 여왕이 다스리고, 다른 두 개의 도시는 안티오페 여
왕 등이 거느렸다. 헤라클레스는 그리스의 영웅들을 모아서 함께
바다를 건너 히폴리테 여왕의 도시로 갔다. 일행 중에는 아테네 최
고의 영웅인 테세우스도 있었다. 테세우스는 아테네를 잘 다스린
왕이었지만 용감하고 영웅적인 모험을 즐겼다.

　히폴리테 여왕은 자신의 허리띠를 가지러 왔다는 헤라클레스의
말에 경악했으나 놀랍게도 허리띠를 풀어 주겠다는 뜻을 밝혔다.
그러나 아마존 여인들이 들고 일어나서 헤라클레스 일행에게 화살

을 쏘고 독 묻은 창을 던졌다. 테세우스 등 그리스 영웅들은 아마
존 여전사들을 도륙했다. 히폴리테 여왕은 항복을 하고 허리띠를
건네주었다.

테세우스는 안티오페 여왕을 포로로 붙잡아서 그리스로 데려왔
다. 테세우스는 그녀와 사랑에 빠져 부부가 된다. 두 사람 사이에
히폴리토스가 태어났다.

테세우스는 아름다운 안티오페를 전쟁에서 잃고 오랫동안 슬퍼
했으나 파이드라 공주와 재혼했다. 파이드라의 아버지는 크레타
섬의 미노스 왕이고, 어머니는 파시파에 왕비이다. 테세우스가 크
레타의 미궁에서 괴물인 미노타우로스를 죽이고 탈출할 때 도와준
아리아드네 공주가 파이드라의 언니이다.

한편 히폴리토스 왕자는 아버지가 재혼하자 아테네를 떠나 트로
이젠에 있는 증조할아버지의 궁전으로 갔다. 그는 올림픽 경기에
서 승리를 거둘 정도로 말을 다루는 솜씨가 뛰어났다. 그는 아마존
여전사인 어머니로부터 순결의 여신인 아르테미스를 열렬히 숭배
하는 마음을 물려받았다. 그는 아르테미스의 신성한 숲에서 많은
시간을 보내면서, 여신에게 가장 소중한 존재가 되었다. 히폴리토
스야말로 아르테미스 여신이 대화를 나누는 유일한 인간이었다.
사랑의 여신 아프로디테는 히폴리토스가 자신을 무시한 채 아르테
미스에게만 숭배를 바치는 것에 질투를 느꼈다. 아프로디테는 히
폴리토스가 아테네로 가면 계모인 파이드라를 만나게 될 것임을
알고, 아들인 에로스에게 한 가지 부탁을 했다. 파이드라에게 사랑

의 화살을 쏘아 달라고 한 것이다.

파이드라는 히폴리토스의 늠름한 모습을 본 순간 남편에 대한 사랑은 깡그리 잊고 의붓자식에게 연정을 품게 되었다. 그녀는 먹지도 자지도 못한 채 창백하게 말라 갔다. 마침내 파이드라는 혼자 있는 히폴리토스를 찾아가 속마음을 털어놓았다.

"히폴리토스, 나는 이제 테세우스를 사랑하지 않는단다. 그는 언니인 아리아드네를 배반했고 너의 어머니를 전쟁에서 죽게 내버려 두었어. 나는 너의 헌신적인 아내가 되고 싶단다."

"그대는 가엾게도 위대한 영웅인 나의 아버지를 배반하고 있소. 그대의 말만 들어도 내가 더러워지는 것 같소. 부끄러운 줄 아시오!"

히폴리토스는 욕정으로 이성을 잃은 늙은 여인을 경멸했다. 파이드라는 수치심으로 몸을 떨며 그에게 복수를 하기로 결심했다. 파이드라는 자신의 옷을 찢고 머리카락을 헝클어뜨린 채 방에서 뛰어나왔다. 그녀는 흐느껴 울면서 히폴리토스가 자신을 겁탈하려 했다고 소리쳤다. 다시 방으로 들어온 그녀는 남편에게 유서를 남기고 대들보에 목을 매어 자살했다. 왕비의 유서를 꺼내 읽은 테세우스의 얼굴은 잿빛으로 변했다. 그녀가 남긴 쪽지에는 히폴리토스가 자신을 욕보이려고 해서 죽음을 택할 수밖에 없었다고 적혀 있었기 때문이다.

결국 히폴리토스는 부왕의 추방 명령에 따라 두 번 다시 아테네에 발을 들여놓을 수 없는 신세가 되었다. 그는 아버지에게 다음과

히폴리토스가 몰던 수레가 산산조각이 나서 죽게 된다.

같이 하직 인사를 했다.

"아버지, 저는 억울합니다. 제우스 신의 이름을 걸고 맹세하겠습니다. 만일 제가 계모를 범하려 했다면 이름도 없이 죽게 하고, 시체는 까마귀들이 쪼아 먹도록 내던져 두소서."

히폴리토스는 말이 끄는 수레를 타고 트로이젠으로 떠났다. 테세우스는 바다의 신인 포세이돈에게 패륜아인 히폴리토스를 응징해 달라고 저주했다. 히폴리토스의 수레가 달리는 도중에 바다에서 괴물처럼 생긴 황소 한 마리가 나타나서 수레를 끄는 말들에게 소리를 질러 댔다. 포세이돈이 보낸 괴물 황소 때문에 수레는 바위에 부딪혀 산산조각이 나고 히폴리토스는 마지막 숨을 쉬고 있었다.

아르테미스 여신이 테세우스를 수레에 태우고 나타나서 진실을 털어놓았다.

"당신의 아들은 결백하오."

테세우스는 아들 곁에 쭈그리고 앉아 하염없이 눈물을 흘렸다.

"아버지, 울지 마세요. 아버지는 잘못이 없어요. 저세상에 가서도 아버지를 사랑할 거예요."

히폴리토스 왕자가 남긴 마지막 말이었다. 아르테미스는 그의 시신을 그와 처음 만났던 트로이젠의 숲으로 가져가서 묻어 주었다. 테세우스는 이루어질 수 없는 짝사랑에 한을 품은 한 여인에 의해 꽃다운 나이에 억울하게 스러져 간 아들의 무덤가에 아름다운 사당을 세워 주었다.

신들도
동성애를 즐긴다

4

그리스 신화의 최고신인 제우스는 성적으로 난잡하기 이를 데 없는 행동을 일삼았다. 마음에 드는 여자는 수단 방법을 가리지 않고 자기의 것으로 만들었다. 그는 수많은 여인들과 사랑을 나누면서 간통, 납치, 강간을 서슴지 않았다. 제우스의 상대는 여성으로 국한되지 않는다. 그는 트로이의 잘생긴 왕자인 가니메데스에게 홀딱 반하여 독수리를 보내 그를 올림포스로 물어 오게 했다. 이 소년은 궁전에서 제우스에게 술잔을 드리는 일을 맡았다. 제우스가 미소년인 가니메데스와 잠자리를 같이한 뒤부터 올림포스 신들에게 동성애는 자연스럽게 받아들여졌다.

미소년이 꽃이 된 사연

동성애의 명수는 금발의 아폴론이었다. 그는 이 세상의 살아 있는 것들 가운데서 미소년인 히아킨토스를 가장 뜨겁게 사랑했다. 아폴론이 그 소년을 만나기 위해 활이나 리라를 내던지고 스파르타로 떠나면 세계의 중심인 델포이는 텅 빈 듯했다.

아폴론은 히아킨토스가 운동을 하건, 사냥을 가건, 산에 소풍을 가건 언제나 그와 함께했다. 그러다 보니 이 미소년에 대한 아폴론의 사랑은 나날이 깊어졌다. 어느 날 아폴론과 히아킨토스는 벗은 몸에 올리브기름을 바르고 원반던지기를 하며 놀고 있었다. 아폴론은 기술과 힘을 겸비했으므로 원반을 하늘 높이 던졌다. 히아킨토스는 자기도 어서 던지고 싶은 마음에 아폴론이 던진 원반이 땅에 아직 떨어지기도 전에 달려갔는데, 굳은 땅에 떨어진 원반이 되튀어 오르면서 히아킨토스의 이마를 때리고 말았다. 그는 기절을 하고 나자빠졌다. 아폴론은

가니메데스는 제우스가 보낸 독수리에 의해 납치된다. 페터 파울 루벤스의 〈가니메데스의 납치〉

46

히아킨토스처럼 얼굴이 창백해졌다. 그는 히아킨토스를 붙들어 일으키고 이마 상처의 피를 멎게 하고, 사지를 주물러 주며 꺼져 가는 그의 생명을 붙잡으려고 갖은 노력을 다했다. 그러나 이미 치명상이라서 아폴론의 의술도 소용없었다. 양귀비나 백합의 줄기가 한 번 꺾이면 다시는 바로 서지 못하는 것처럼 히아킨토스의 머리가 어깨 위로 축 늘어졌다. 아폴론은 히아킨토스를 안은 채 서럽게 울부짖었다.

로마의 시인인 오비디우스(기원전 43년~서기 18년)가 펴낸 신화집인 『변신 이야기 *Metamorphoses*』에는 아폴론의 독백이 다음과 같이 적혀 있다.

히아킨토스여, 네 청춘의 꽃을 꺾이고 이제는 내게서 떠나려 하는구나. 내 눈에 보이는 네 상처가, 너를 죽인 이 상처가 나를 원망하고 있구나. 네 죽음은 내 슬픔의 씨앗이자 내 허물의 과실이다. 내 손은 너를 죽음으로 몰고 간 나의 하수자였다. 너를 죽게 한 책임은 나에게 있다. 하지만 히아킨토스여, 내가 대체 어떤 죄를 지었느냐? 시합을 벌인 것이 죄더냐? 너를 사랑한 것이 죄더냐? 생각 같아서는 너를 살리고 내가 대신 죽고 싶구나. 대신 죽을 수 없으니 함께 죽고 싶구나. 그러나 나는 신인지라 운명의 법에 매여 죽을 수가 없다. 나는 살아 있고 너는 죽었으나 너는 영원히 나와 함께할 것이다. 너의 이름은 영원히 내 입가를 맴돌 것이다. 내가 리라 가락을 고를 때, 노래할 때, 내 노래와 내 가락이 너를 부를 것이다. 내 너를 새 꽃으로 만들되 내 흐느낌을 그 꽃잎에다

아로새기리라. 후세에 영웅 중에서도 가장 용감한 영웅이 너와 인연을 맺을 때가 올 것이다. 그때가 되면 사람들은 너의 꽃잎에서 그 영웅의 이름을 읽을 수 있을 것이다.

아폴론이 부르짖고 있는 동안에 그때까지 땅바닥에 흘러 풀잎을 적시던 히아킨토스의 피가 굳어지면서 어느새 아름다운 빛깔의 꽃이 되었다. 모양은 백합과 비슷하고 색깔은 보라색 옷감보다 더 고운 꽃이 피어난 것이다. 이 꽃은 히아신스(hyacinth)라 불리는데, 해마다 봄이면 피어나서 스파르타 사람들에게 히아킨토스의 죽음을 떠올리도록 해 준다.

아폴론이 히아킨토스의 주검을 끌어 안고 있다. 장 브록의 〈히아킨토스〉

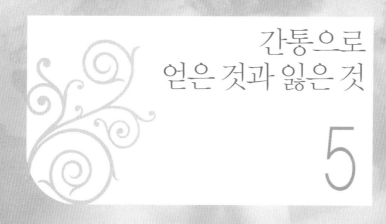

간통으로
얻은 것과 잃은 것

5

그리스 신 중에서 소문난 바람둥이는 남자는 제우스, 여
자는 아프로디테이다. 둘 다 사랑의 욕구를 충족시키기 위해 수단
방법을 가리지 않는다. 제우스는 변신을 해서 남의 아내와 간통을
하고 자식까지 낳는다. 가령 헤라클레스가 그렇게 태어난 제우스
의 아들이다. 유부녀인 아프로디테 역시 외간 남자와 간통을 서슴
지 않는다.

아프로디테는 바람둥이

아프로디테는 '거품에서 생긴 여자'라는 뜻이다. 창세신화에서 하
늘인 우라노스는 세상에서 가장 강력한 신으로서 온 세상과 모든

신을 다스렸다. 우라노스에게는 12명의 거인 아들이 있었다. 특히 막내인 크로노스는 야망이 대단했다. 크로노스는 횡포를 부리는 우라노스의 남근을 낫으로 잘라서 바다에 던졌는데, 그 작은 살점 한 조각이 떨어진 자리에서 작은 거품이 생겨나 자꾸 커지더니 어느 날 갑자기 거품 덩어리 안에서 다 자란 처녀가 튀어나왔다. 그 처녀가 사랑의 여신인 아프로디테이다.

아프로디테의 주요 임무는 신성한 결혼을 보호하는 것이므로 그녀는 혼인의 맹세를 지키지 않는 이들을 가장 싫어했다. 하지만 그녀 자신은 결혼의 의무를 지키지 않고 바람을 피웠다. 그녀의 이름으로부터 성욕을 촉진하는 약, 곧 최음제를 뜻하는 영어 단어(aphrodisiac)가 파생된 것은 우연이 아닌 듯하다.

어느 날 전쟁의 신인 아레스가 아프로디테를 찾아왔다. 아레스는 몸매가 다부지고 잘생겼지만 살육을 즐기는 잔인한 신이었으므로 아무도 그를 좋아하지 않았다. 하지만 아프로디테만은 그를 황금투구와 갑옷이 잘 어울리는 용맹스러운 장군으로 보았다. 아레스는 아프로디테가 절

우라노스의 정액을 받아서 잉태된 아프로디테가
바다 위로 떠오른다. 산드로 보티첼리의 〈비너스의 탄생〉

름발이 남편인 헤파이스토스를 사랑하지 않는다는 것을 눈치 채고 있었으므로 그녀에게 하룻밤을 같이 지내자고 유혹했다. 제우스와 헤라의 첫아이로 태어난 헤파이스토스는 불의 신으로 가장 유명한 대장장이였다. 아레스는 놀랍게도 헤파이스토스의 침대에서 잠자리를 하자고 아프로디테를 꼬드겼다.

그날 태양신 헬리오스는 헤파이스토스가 만들어 준 태양마차를 몰고 하늘나라를 지나가다 아프로디테가 아레스와 함께 헤파이스토스의 침대에 누워서 사랑을 속삭이는 간통 현장을 발견하고 분노했다. 헬리오스는 마음씨 착하고 성실한 남편을 배반한 아프로디테를 원망하며 헤파이스토스에게 간통 사실을 알려 주었다.

헤파이스토스는 아내의 불륜 소식을 듣고 격분했지만, 곧바로 이성을 차리고 간통 현장을 포착하는 계략을 짰다. 그는 대장간으로 가서 청동으로 눈에 보이지 않는 투명 그물을 만들어 자신의 침실 천장에 걸어 놓았다. 그리고 그는 먼 곳으로 볼일을 보러 떠난다고 거짓말을 하고 침실 근처에 숨었다.

아프로디테는 남편의 모습이 사라지자마자 아레스를 침실로 끌어들였다. 두 신은 벌거벗고 침대 위로 나뒹굴었는데, 그 순간 천장에서 투명 그물이 내려와서 그들을 덮쳤다. 헤파이스토스가 미리 연락을 해서 불러 모은 신들이 침실 안으로 몰려들었다. 신들은 두 남녀가 벌거벗은 채 그물에 걸려 버둥거리는 광경을 보면서 조롱하듯 웃어 댔다. 특히 바다의 신 포세이돈은 아프로디테의 알몸에 홀딱 반해서 음탕한 생각을 했다. 그러나 포세이돈은 시치미를 떼고 아레스를 윽박질렀다.

"아레스는 내 말을 잘 듣게. 자네가 저지른 죄에 대해 손해 배상을 해야 할 걸세. 헤파이스토스가 아프로디테와 결혼하면서 제우스에게 지불한 헌납금이 얼마나 되는 줄 아는가. 그 액수만큼의 돈을 헤파이스토스에게 주어야만 남의 아내와 놀아난 죄를 용서받을 수 있을 걸세. 그런데 자네가 그 돈을 내놓지 않겠다면 내가 희생 정신을 발휘할 수밖에 없네. 헤파이스토스가 부정한 아내와 갈라선다면 나라도 그 음탕하지만 가엾은 여인을 데리고 살며 보살펴 주어야 되지 않겠는가."

선량한 헤파이스토스는 포세이돈의 엉큼한 속셈을 눈치 채지 못하고 그의 희생정신에 감사의 뜻을 나타냈다. 아레스는 배짱 좋게 한 푼도 내놓지 않았지만, 아내를 극진히 사랑한 헤파이스토스는 아프로디테를 버릴 수 없었다. 그 후 아프로디테는 바닷물에 목욕을 하고 다시 처녀성을 회복했다. 하지만 그녀는 타고난 바람기를 주체할 수 없어 성적으로 방탕한 생활을 계속했다.

간통 사건으로 트로이 전쟁 발발

바다의 요정인 테티스의 결혼식에는 단 한 명의 신을 빼놓고 모든 신들이 초대되었다. 유일한 불청객은 아레스의 여동생이며 불화의 여신인 에리스였다. 싸움을 좋아하는 에리스가 결혼식을 망쳐 버릴 가능성이 높아서 제우스가 그녀를 초청 대상에서 제외시킨 것이다. 에리스는 무시당한 데 대해 보복을 하기로 결심했다. 결혼식은 성대하게 치러지고 신들은 즐겁게 어울렸다. 헤라, 아테나, 아프로디테 등 세 여신도 사이좋게 담소를 나누었다. 그런데 그녀들 뒤로 에리스가 눈에 띄지 않게 지나가면서 세 여인의 발치에 사과 한 개를 던졌다. 그 황금사과에는 '가장 아름다운 여신에게' 라는 글자가 새겨져 있었다. 제우스의 아내인 헤라, 지혜의 여신인 아테나, 사랑의 여신인 아프로디테 모두 외모에 자신이 있었으므로 서로 그 사과가 자기 것이라고 주장했다. 결국 결혼식은 난장판이 되었고 세 여신은 서로를 증오하며 헤어졌다. 시간이 흘러도 세 여신은 화해하지 않았다. 자신이 이 세상에서 가장 아름다운 여신이라고 생각했기 때문이다. 제우스는 세 여신 모두 그 황금사과를 차지

파리스는 세 여신 중에서 아프로디테에게 사과를 주었다. 윌리엄 블레이크의 〈파리스의 심판〉

할 자격이 충분하다고 생각했지만, 어느 한쪽의 손을 들어 줄 수는 없었다. 그래서 제우스는 최고의 미인을 뽑는 일을 인간에게 맡기기로 결정했다. 그는 트로이의 양치기인 파리스에게 사과의 주인이 될 여신을 뽑아 달라고 부탁했다.

파리스는 본래 트로이의 마지막 왕의 둘째아들로 태어났다. 왕비는 그가 태어나기 전날 밤 트로이가 불길에 휩싸이는 태몽을 꾸었고, 신탁에 따르면 그가 참혹한 전쟁의 원인이 될 것이라고 했다. 결국 트로이의 왕은 나라를 구하기 위해 파리스를 제거하기로 했다. 왕은 양치기에게 갓난아기를 주면서 죽이라고 명령했다. 그러나 양치기 부부는 아기 왕자를 친아들보다 더 사랑했다. 아기의

파리스 왕자는 유부녀인 헬레네와 간통한다.
자크 루이 다비드의 〈파리스와 헬레네의 사랑〉

이름은 '바구니'를 뜻하는 파리스로 불렀다.

어느 날 파리스가 소 떼에게 풀을 뜯기고 있을 때 헤라, 아테나, 아프로디테 여신이 나타났다. 제우스가 그에게 세 여신 중에서 가장 아름다운 여신을 골라 황금사과를 주라고 했다는 말을 듣고 깜짝 놀랐지만 피할 수 없는 운명임을 깨달았다. 여신들은 파리스의 환심을 사려고 좋은 조건을 제시했다. 먼저 헤라는 아시아의 지배자로 만들어 줌과 동시에 세상에서 가장 큰 부자로 만들어 주겠다고 했다. 아테나는 전쟁에서 백전백승하는 무적의 용사로 만들어 주고 동시에 세상에서 가장 지혜로운 사람으로 만들어 주겠다고 했다. 마지막으로 아프로디테는 이 세상에서 가장 아름다운 여자인 헬레네를 아내로 맞게 해 주겠다고 약속했다.

헬레네는 백조로 변신한 제우스와 스파르타의 왕비인 레다 사이에 태어난 공주였다. 그녀는 스파르타 왕인 메넬라오스와 결혼했다. 그러니까 아프로디테는 남의 아내를 빼앗아서 파리스에게 주겠노라고 제안한 것이다. 총각에게 유부녀와의 간통을 권유한 셈이다. 비천한 양치기인 파리스는 세상에서 가장 아름다운 여자를 아내로 맞을 수 있다는 제안을 뿌리치지 못하고 말았다. 그는 아프로디테에게 사과를 주었다. 아프로디테는 최고의 미인으로 인정받게 되었다. 그러나 이 일로 해서 파리스에게 내려진 신탁이 마침내 실현되게 되었다. 헤라와 아테나가 파리스에게 복수를 맹세하면서 트로이가 불길에 휩싸이는 전쟁이 시작되었기 때문이다.

훗날 파리스는 트로이의 운동 경기에서 우승하게 되었는데, 양치기가 왕 앞에 나타나서 그가 왕자임을 밝힌다. 파리스가 부모를 찾게 된 것이다. 파리스 왕자는 스파르타를 방문해서 메넬라오스 왕의 아내인 헬레네와 사랑을 하게 된다. 아프로디테의 아들인 에로스가 쏜 화살이 헬레네의 심장을 찌른 것이다. 파리스 왕자와 헬레네 왕비는 스파르타를 탈출해서 트로이로 왔다.

왕비를 빼앗긴 메넬라오스는 트로이와의 전쟁을 선포했다. 그는 그리스의 영웅들을 중심으로 군대를 모아 헬레네를 구출하기 위해 트로이로 출발했다. 파리스의 선택에 분노한 헤라와 아테나는 그리스의 편에 섰고, 아프로디테는 트로이의 편에 섰다. 트로이 전쟁은 9년 동안이나 계속되었다. 그리스인들은 트로이 목마를 타고 트로이 성 안으로 들어가 도시를 불바다로 만들어 버렸다.

트로이 전쟁은 기원전 10세기경의 그리스 시인인 호메로스가 쓴 서사시 『일리아드*The Iliad*』를 통해 널리 알려졌다.

질투는 독약을 부른다

6

　　그리스 신화에서 독약을 발견한 최초의 신은 헤카테로 알려져 있다. 헤카테는 '멀리까지 힘이 미치는 여자' 라는 뜻이다. 헤카테는 농업과 같은 활동에 영향력을 가진 여신이지만 지옥의 여신이기도 하다. 무덤이나 두 길이 교차하는 곳, 또는 살해된 자와 변사자의 주위에 살면서 모든 악마와 악령을 지옥에서 지상으로 보내는 일을 했다. 헤카테는 마술에도 뛰어났다. 따라서 아테네 시민들은 그녀의 환심을 사려고 노력했다. 이를테면 헤카테를 위해 매달 십자로에 제물을 바쳤다.

스킬라의 기구한 운명

일설에는 독약의 제조 방법을 최초로 발견한 여신은 헤카테가 아니라 키르케라는 주장도 있다. 키르케는 호메로스의 『오디세이 *The Odyssey*』에 나오는 전설 속의 섬에 사는 그리스의 여신이다.

트로이 전쟁을 그리스의 승리로 이끈 오디세우스는 고향으로 돌아가는 도중에 키르케가 사는 섬에 잠시 머물게 되었다. 키르케는 태양의 신인 헬리오스의 딸이었다. 그녀는 아름답고 당당한 여신이었다. 그녀가 사는 대리석 궁전 주변에는 사자들과 늑대들이 우글거렸지만 오디세우스의 동료들을 해치지 않았다. 마법사인 키르케가 마술의 약초로 그 짐승들을 잘 길들여 놓았기 때문이다.

키르케는 오디세우스의 동료들에게 치즈, 꿀, 포도주를 내놓았다. 그들은 그 안에 마술 약초가 들어 있는지 모르고 먹었다. 그러자 키르케는 요술 방망이로 그들을 때리면서 밖에 있는 우리로 몰고 갔다. 오디세우스 동료들은 목소리가 꿀꿀거리는 소리로 변하고 몸에는 뻣뻣이 털이 돋아났다. 그들은 모두 돼지로 변하고 만 것이다. 이 소식을 들은 오디세우스는 키르케의 궁전으로 향했다. 그는 가는 길에 멋진 젊은이로 변장한 헤르메스를 만났다. 제우스의 아들인 헤르메스는 날개 달린 샌들을 신고 다니는 상업의 신이자 제우스의 심부름꾼이다. 헤르메스는 오디세우스에게 키르케의 마술에 걸려들지 않는 비법을 가르쳐 주었다. 키르케는 오디세우스가 자신의 꾀에 속아 넘어가지 않자 돼지로 변해 뻣뻣한 털이 수북한 동료들의 머리에 마술연고를 문질러서 더 젊고 멋진 사내들로 되돌려 주었다.

오디세우스 일행은 키르케의 궁전에서 먹고 마시고 즐기면서 1년을 보냈다. 그러던 어느 날 오디세우스는 고향에 있는 사랑하는 사람들에 대한 그리움이 솟구쳐서 키르케 앞에 무릎을 꿇고 고향으로 가게 해 달라고 애원했다. 키르케는 고향으로 가는 항해 중에 겪게 될 여러 가지 위험들을 알려 주고 그것에 대처하는 방법도 가르쳐 주었다. 그중의 하나가 스킬라였다.

스킬라는 모양이 각기 다른 여섯 개의 머리와 열두 개의 다리를 갖고 있는 괴물이었다. 여섯 개의 머리마다 이빨이 세 줄로 나 있었다. 모습이 하도 흉측하게 생겨 신들조차 보고 싶어 하지 않았다. 높은 절벽 위의 동굴 속에서 등골이 오싹할 정도로 짖어 대면서 뱀처럼 생긴 목을 바다에 밀어 넣고 돌고래와 상어 등을 잡아먹었다. 스킬라는 목이 닿는 거리를 지나가는 선박이 보이면 갑판에 있는 선원들을 잡아먹었다.

스킬라는 원래 아름다운 처녀였다. 바다의 신인 글라우코스는 이탈리아 해안에서 스킬라를 처음 보고 사랑에 빠졌다. 글라우코스는 스킬라에게 아름다운 장래를 약속하며 유혹했으나 참담하게 거절당했다. 글라우코스는 키르케의 궁전으로 찾아와서 도움을 청했다. 사랑병을 앓는 자신을 위해서 약초를 사용하여 스킬라도 그가 당한 만큼의 고통을 당하게 해 달라고 부탁한 것이다. 키르케만큼 사랑에 약한 여신도 드물었다.

키르케는 글라우코스의 말을 듣고 스킬라 대신 자신과 사랑을 나눌 것을 간청했다.

"하늘에서 빛나는 태양신의 딸인 나는 이래 봬도 여신이랍니다. 게다가 내가 가진 약초의 효험도 만만찮고, 내가 풍기는 매력 또한 만만찮답니다. 그러니 나를 차지할 생각을 해 보세요. 그대를 능욕한 계집일랑 잊어버리고, 그대를 따르고자 하는 나를 따르세요. 그대 마음먹기에 따라 나는 그대의 것이 될 수 있고 그대는 내 것이 될 수 있답니다."

질투심에 불탄 키르케는 스킬라가 멱을 감는 웅덩이에 독약을 풀었다. 워터하우스의 〈질투하는 키르케〉

그러나 글라우코스는 스킬라에 대한 사랑이 영원할 것이라고 말했다. 사랑을 거절당한 키르케는 신인 자기보다 더 대접을 받고 있는 인간 스킬라에게 질투를 느껴 분풀이할 결심을 했다. 키르케는 독초를 가루로 만들고 헤카테 여신으로부터 배운 주문을 외우며 독약을 제조했다. 검은 옷을 차려입고 궁전 밖으로 나간 키르케는 스킬라가 자주 와서 멱을 감는 웅덩이에 독약을 풀고 주문을 아홉 번씩 세 차례 읊어 댔다. 이윽고 스킬라가 나타나 웅덩이에 들어가다 말고 비명을 질렀다. 허벅다

괴물로 변한 스킬라는 닥치는
대로 뱃사람들을 잡아먹었다.

리가 개의 대가리로 변하고, 허리와 사타구니에도 개 대가리가 돋
아났기 때문이다. 스킬라의 하체에는 인간의 모습이 남아 있지 않
고 온통 개 대가리뿐이었다. 글라우코스는 흉측한 괴물로 돌변한
스킬라의 기구한 팔자를 슬퍼하며, 키르케의 애정 공세를 피해 멀
리 도망쳤다.

　스킬라는 오디세우스의 배가 지나가자 여섯 개의 머리로 배를
덮쳐 한순간에 가장 용감한 젊은이 여섯 명을 낚아챘다. 스킬라는
그들을 배 위에 던져 놓고 잡아먹음으로써 키르케에게 복수했다.
훗날 스킬라는 바위로 변해 뱃사람들을 공포에 떨게 했다.

헤라클레스 아내의 질투
그리스 신화에는 여자의 질투심을 이용하여 독약으로 복수를 하는
참혹한 이야기가 나온다. 가해자는 네소스이고 피해자는 헤라클레
스이다.

네소스가 헤라클레스의 아내인
데이아네이라를 납치한다. 구이도 레니의 그림

네소스는 켄타우로스였으므로 상반신은 사람, 하반신은 말인 반인반마의 괴물이었다. 여느 켄타우로스처럼 네소스 역시 여자를 좋아하는 특성을 지녔다. 네소스는 강에서 돈을 받고 나그네를 건네주는 일을 했다.

어느 날 그리스의 영웅인 헤라클레스가 그의 아내인 데이아네이라와 함께 강을 건너려 했다. 네소스는 데이아네이라를 등에 업고 강을 건너고, 헤라클레스는 헤엄을 쳐서 따라오기로 했다. 그러나 네소스는 강 건너편에 닿자마자 데이아네이라를 등에서 내려놓지 않고 겁탈하려고 냅다 달리기 시작했다. 헤라클레스는 히드라의 독에 적신 화살을 쏘았다. 히드라는 머리가 여러 개 달린 물뱀이다. 히드라의 입김은 물을 독으로 오염시킨다. 헤라클레스에게 주어진 열두 가지의 난제 중에서 두 번째 과제가 히드라를 죽이는 것이었다.

독화살에 맞은 네소스는 죽어 가면서 헤라클레스에게 복수할 방법을 궁리하고, 데이아네이라에게 다음과 같이 말했다.

"당신에게 속죄하는 뜻에서 도움을 주고 싶소. 내 상처에서 흘러내리는 피를 병에 담아 두세요. 훗날 헤라클레스가 바람을 피우면 달밤에 내 피를 속옷에 뿌려 그에게 입히시오. 남편은 당장 당신의 품으로 돌아올 것이오. 내 피는 마법의 힘을 지닌 미약이라오."

데이아네이라는 네소스의 피를 헝겊에 스며들게 한 뒤 집으로 가져갔다. 헤라클레스와 데이아네이라는 네 명의 아이를 낳으며 행복하게 살았다.

훗날 헤라클레스는 원정을 승리로 끝내고 상대방 나라의 공주인 이올레를 포로로 잡아 왔다. 그녀는 젊고 아름다웠다. 데이아네이라는 포로들 속에 섞여 있는 이올레 공주를 보고 질투를 느꼈다. 헤라클레스가 자기를 버리고 이올레를 아내로 삼을지 모른다는 불안감이 엄습했다.

"그년이 머지않아 이곳으로 올 것이다. 와서 나를 대신해서 내 자리에 들어앉기 전에 손을 써야 한다. 너무 늦기 전에 손을 써야 한다. 어쩌지?"

데이아네이라는 남편의 사랑을 잃지 않기 위해 네소스의 충고를 실행하기로 결심했다. 헤라클레스의 가장 좋은 속옷을 들고 들판으로 나가서, 달빛이 내리비칠 때 그 속옷에 네소스의 피를 적셨다. 그 핏속에 히드라의 무시무시한 독이 섞여 있다는 사실을 전혀 모르고 있었다.

켄타우로스인 네소스가 데이아네이라를 납치한다. 파리의 콩코드 광장

헤라클레스가 그 속옷을 입자 온몸에 독이 퍼져 고통에 휩싸였다. 옷이 피부에 착 달라붙어서 옷을 벗으려 할수록 살갗이 찢겨져 나갔다. 그 사실을 전해 들은 데이아네이라는 스스로 목숨을 끊었다. 고통을 견디지 못한 헤라클레스는 아들에게 자신을 산꼭대기로 옮겨 화장할 나무에 눕혀 놓고 불을 붙여 달라고 말했다. 헤라클레스에게 불길이 닿으려는 순간 제우스가 그를 구해 주었다. 헤라클레스는 제우스가 보낸 전차를 타고 하늘로 날아올라 올림포스 산으로 갔다. 제우스와 헤라는 헤라클레스를 따뜻이 맞아 주었다. 제우스의 아들로 태어난 헤라클레스는 헤라의 미움을 받아 고난의 삶을 살았지만 마침내 화해하게 된 것이다. 헤라클레스는 헤라의 딸과 결혼하여 올림포스에서 불사의 존재가 되어 영원히 행복하게 살았다.

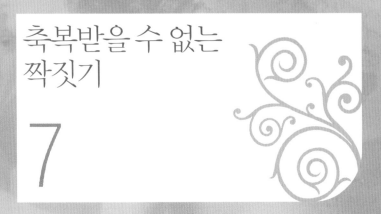

축복받을 수 없는
짝짓기

7

신들은 가까운 직계 혈족끼리 짝짓기를 잘한다. 근친상
간에는 부녀상간, 모자상간, 남매상간, 동성상간 등의 네 가지 형
태가 있다. 가장 사례가 많은 경우는 오누이 사이에 성관계를 갖는
남매상간이다.

오누이가 인류의 시조가 되다

그리스의 최고신인 제우스는 누이인 헤라와 부부가 된다. 헤라는
'여주인'이라는 뜻이다.

수메르의 창세신화에서 물의 신인 엔키는 누나인 대지의 여신
닌후르사가와 사랑하는 사이였다. 엔키는 닌후르사가와 함께 낙원

에서 살았다. 그곳은 질병
과 늙음이 없는 풍요로운 섬
이었다.

오시리스가 생명의 문으로
간주되는 전갈자리에 서 있다.

이집트 신화의 최고 영웅인 오
시리스는 누이인 사랑의 여신 이시스
를 아내로 맞아 눈물겨운 사랑을 나눈
다. 이시스는 남편이 시동생에 의해 살해
되었으나 지극한 정성으로 다시 살려 냈다.

중국의 창세신화에서는 인류를 창조한 여와가 인류에게 불을
가져다준 복희와 오누이가 되기도 하고, 부부가 되기도 한다. 오
누이인 복희와 여와가 부부가 되는 이야기는 중국 서남부의 소수
민족 사이에 널리 퍼져 있다. 이러한 전설은 지역마다 조금씩 다
르지만, 기둥 줄거리는 홍수가 나서 인류가 파멸한 뒤 오누이가
결혼하여 인류의 시조가 된다는 순서로 전개된다. 중국의 위앤커
(1916~2000)가 지은 『중국 신화 전설』(1984)에는 다음과 같이 소개
되어 있다.

홍수로 모든 것이 떠내려가고 남은 것은 하나도 없었다. 대지 위에
살던 인류는 모두 죽어 버리고 오빠와 동생 두 아이만 살아남았다. 오
누이는 집을 짓고 땅을 개간하여 곡물을 지배했다. 시간이 쏜살같이 흘
러 그들은 어느덧 어른이 되었다. 오빠는 동생과 결혼하고 싶어 했으나
누이동생은 "우리는 친남매잖아요."라고 말하곤 했다. 오빠가 끈질기

게 부부가 될 것을 요구하자 누이는 할 수 없이 "저를 쫓아오세요. 오빠가 저를 붙잡을 수 있다면 결혼할게요."라고 말했다. 오빠와 누이는 커다란 나무를 가운데에 두고 그 둘레를 돌며 누이는 도망치고 오빠는 뒤쫓았다. 누이는 행동이 민첩해서 오빠는 도무지 붙잡을 수 없었다. 오빠는 꾀를 내었다. 누이를 쫓아가는 척하다가 갑자기 방향을 돌려 달려오는 누이를 포옹했다. 내기에 진 누이는 오빠와 결혼하게 되었다. 오누이는 부부가 된 뒤에 둥근 공처럼 생긴 살덩어리를 하나 낳았다. 머리도 다리도 없는 고깃덩어리였다. 부부는 이 살덩어리를 잘게 다졌는데, 갑자기 바람이 몰아치면서 살점이 사방으로 흩어졌다. 살점들은 땅에 떨어지는 순간 모두 사람으로 바뀌었다. 이렇게 해서 세상에는 인류가 다시 생겨나게 되었다. 복희와 여와 부부는 인류를 다시 창조한 시조가 된 것이다.

복희와 여와는 오랜 세월이 흐른 뒤에야 인간의 형상으로 태어났다. 석판화

이와 같이 '홍수 - 인류의 파멸 - 남매의 결혼 - 인류의 시조' 라는 순서로 전개된 인류 기원 신화는 우리나라에도 전해 내려오고 있다.

옛날 대홍수로 세상 사람들이 모두 죽고 두 오누이만 살아남았다. 오누이로 남아 있으면 자식을 낳을 수 없었으므로 사람의 씨가 사라질 수밖에 없었다. 오누이 사이에 결혼을 할 수 없었으므로 천신에게 물어보기로 했다. 두 사람은 각각 산봉우리에 올라가 오빠는 수절구를, 누이는 암절구를 굴러 떨어뜨렸는데, 두 개의 절구는 계곡 바닥에서 정확하게 합쳐졌다. 또한 두 개의 봉우리에서 소나무 잎을 태웠는데, 그 연기가 서로 엉켰다. 오누이는 하늘의 뜻으로 여기고 결혼하여 인류의 시조가 되었다.

아버지를 짝사랑한 공주

그리스의 조각가인 피그말리온은 상아로 만든 여인상을 사랑하게 된다. 사랑의 여신인 아프로디테는 그 여인상에게 생명을 불어넣는다. 피그말리온은 그녀에게 갈라테이아라는 이름을 지어 준다. 피그말리온과 갈라테이아 사이에 태어난 딸이 낳은 아들이 키뉘라스 왕이다. 그는 과년한 딸인 뮈라 공주에게 좋은 배필을 구해 주려고 백방으로 노력했다. 여러 나라에서 수많은 청년들이 몰려와서 뮈라 공주를 아내로 차지하려고 온갖 기예를 자랑했다. 그러나 뮈라는 구혼자들을 거들떠보지도 않았다. 뮈라가 정말 사랑하는 남자가 따로 있었기 때문이다.

오비디우스는 『변신 이야기』에서 뮈라의 속마음을 다음과 같이 묘사한다.

암소는 그 아비의 사랑을 용납하고도 부끄러워하지 않고, 수말에게는 그 딸을 아내로 삼는 경우가 있지 않습니까? 숫양은 제 씨로 지어진 암양을 거느리고, 새도 제 아비였던 새의 알을 낳는 수가 있지 않습니까?

뮈라 공주가 짝사랑한 사내는 다름 아닌 그녀의 아버지 키뉘라스 왕이었다. 뮈라는 아버지를 향한 뜨거운 욕망에 죄의식을 느끼면서도 한편으로는 아버지와의 사랑을 간절히 원했다. 하지만 그런 사랑은 결코 이루어질 수 없다는 사실을 깨닫고 죽을 결심을 하게 된다. 그녀는 올가미에 목을 넣었다. 그 순간 공주의 침실을 지키던 늙은 유모가 뛰어 들어와 공주의 목에서 올가미를 벗긴다. 공주가 강보에 싸여 있을 때부터 젖을 먹여 기른 유모는 공주를 설득해서 자살하려고 한 이유를 집요하게 캐물었다. 유모는 공주가 사랑하는 남자가 그녀의 아버지라는 말을 듣고 전율을 느꼈지만, 최소한 공주의 자살만은 막기 위해서라도 그녀가 뜻을 이루도록 돕기로 결심했다.

늙은 유모는 키뉘라스 왕이 술에 취해 혼자 침소에 있는 틈을 노렸다. 칠흑같이 어두운 밤에 뮈라는 키뉘라스 왕의 침소에 들었다. 아버지는 상대가 딸이라는 사실을 모른 채 욕정을 불태웠다. 아버지를 속인 뮈라는 꿈꾸던 사랑을 끝내 이루고 그의 씨를 받았다. 그 다음 날 밤에도 뮈라는 키뉘라스 왕의 침소로 가서 뜨거운 사랑을 했다. 부녀간의 불륜의 밤은 계속되었다. 어느 날 밤 키뉘라스 왕은 처녀가 누구인지 궁금해서 그녀가 잠든 사이에 불을 켰다. 키뉘라스 왕은 그동안 살을 섞은 여자가 딸이라는 것을 알고 분노해서 칼을 뽑아 들었다. 뮈라 공주는 간신히 침소를 빠져나와 목숨을 구했다.

　뮈라 공주는 아버지의 눈길을 피해 왕국의 방방곡곡을 헤맨 끝에 고향 땅을 떠났다. 아버지와 동침한 뒤 아홉 달이 지나서 아랫배가 산처럼 부어올라 더 이상 떠돌이 생활을 할 수 없었다. 그녀는 신들을 향해 다음과 같이 기도를 했다.

　"저는 살면 사는 대로 이 세상 사람들로부터 손가락질을 받을 죄를 지었고, 죽으면 죽는 대로 저세상 사람들의 분노를 살 죄를 지었습니다. 그러니 저를 쫓으시되 이 세상에서도 쫓으시고 저세상에도 들지 않게 하소서. 바라오니, 저를 다른 것으로 바꾸시어 죽은 것도 아니고 산 것도 아닌 몸이게 하소서."

몰약 나무로 변한 뮈라의
몸에서 아기를 꺼낸다.
16세기 도자기 그림

뮈라가 기도하는 동안 발은 흙 속으로 깊이 묻히고, 발가락에서는 뿌리가 뻗어 났다. 뮈라의 뼈는 나무가 되었다. 팔은 큰 가지, 손가락은 작은 가지, 살갗은 나무껍질로 바뀌었다. 뮈라는 나무가 된 뒤에도 여전히 눈물을 흘렸으므로 나무에서도 물방울이 떨어졌다. 이 나무는 뮈라의 이름을 따서 미르라(myrrha), 곧 몰약(沒藥)이라 불리게 되었다. 몰약은 아라비아와 아프리카에 분포되어 있는 관목이다. 몰약은 고대로부터 방향제나 방부제로 쓰였다. 특히 몰약의 즙액은 향수, 의료품, 구강 소독제, 여인용 머릿기름으로 사용되었다. 이 즙액은 물론 뮈라 공주가 아비를 사랑할 수밖에 없는 자신의 팔자를 한탄하며 흘리는 눈물이다.

오이디푸스의 비극적인 삶

그리스 중부의 테베를 다스리는 라이오스 왕은 이오카스테를 왕비로 맞아들였다. 두 사람은 왕위를 물려줄 아들이 태어나지 않자 델포이의 아폴론 신전에 찾아가 신탁을 들어 보기로 했다. 그는 자신의 운명에 대한 신탁을 듣고 공포에 떨었다.

"너는 아버지가 되는 기쁨을 누리고 싶다고 했으므로 아들을 갖게 해 주겠다. 하지만 너는 아들의 손에 죽을 운명을 피할 수 없을 것이다."

테베로 돌아온 라이오스는 델포이 신탁이 두려워 아이를 갖지 않기로 결심했다. 그러나 이오카스테는 생각이 달랐다. 결국 그녀는 남편을 술 취하게 만든 뒤 동침을 해서 임신하는 데 성공했다.

아기가 태어나자 이오카스테는 기뻐했지만 라이오스는 델포이 신탁의 예언이 떠올라 아기를 없애 버릴 궁리를 했다. 그는 믿을 만한 목동에게 아기를 산기슭에 내다 버리라고 명령했다. 라이오스는 아이의 발 사이에 쇠막대를 끼워 넣고 밧줄로 꽁꽁 묶었다. 목동이 아이를 데리고 궁궐을 나설 때 이오카스테는 통곡을 했다. 목동은 왕비의 울음소리를 듣고 아이의 목숨을 살리기로 결심했다. 그는 친구인 양치기에게 아기를 넘겼다. 친구는 코린토스의 왕인 폴리보스의 양을 돌보고 있었다. 폴리보스 왕은 아들이 없었다. 폴리보스 왕 부부는 그 아기를 양자로 삼고 오이디푸스라는 이름을 지었다. 오이디푸스는 '부어오른 발' 이라는 뜻이다. 아기의 발이 지나치게 꽁꽁 묶여서 퉁퉁 부어올라 있었기 때문에 그런 이름을 지어 준 것이다.

오이디푸스는 폴리보스 왕 부부를 친부모라 믿고 잘생기고 똑똑한 청년으로 성장했다. 어느 날 술 취한 친구로부터 자신이 버림받은 사생아라는 모욕적인 말을 듣게 된다. 그는 고민 끝에 출생의 비밀에 관하여 델포이의 신탁을 듣기로 했다. 아폴론의 예언은 소름끼치는 내용이었다.

"저주받은 인간이여, 너는 아버지를 죽이고 어머니와 결혼할 것이다."

오이디푸스는 델포이의 신탁이 말하는 아버지와 어머니를 폴리보스 왕 부부라고 생각했으므로 신탁의 저주를 피하기 위해 코린토스의 왕궁으로 돌아가지 않기로 마음먹고 방랑길에 나섰다.

오이디푸스가 스핑크스 앞에서 수수께끼를 푼다. 장-오귀스트-도미니크 앵그르의 〈오이디푸스와 스핑크스〉

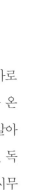

오이디푸스는 델포이를 떠나 무작정 테베로 향했다. 한편 바로 그날 라이오스 왕은 테베를 떠나 델포이로 가고 있었다. 그는 온 나라를 공포에 몰아넣은 괴물인 스핑크스를 해치우는 방법을 알아 낼 계획이었다. 스핑크스는 사람의 머리와 가슴, 사자의 몸통, 독수리의 날개, 쇠로 된 발톱, 용 머리처럼 생긴 꼬리를 가진 무시무시한 괴물이었다. 스핑크스는 지나가는 사람들에게 수수께끼를 내

고 풀지 못하면 잡아먹었다. 수수께끼를 들은 사람들이 모두 살아 돌아오지 못했으므로 테베에는 수수께끼의 내용을 아는 사람조차 한 명도 없었다.

라이오스 왕은 전차를 타고 있었는데, 세 갈래 길에서 오이디푸스와 맞닥뜨렸다. 길이 너무 좁아 라이오스 왕 일행과 오이디푸스 사이에 시비가 붙었다. 라이오스는 불손한 젊은이라고 화를 내면서 채찍으로 오이디푸스의 얼굴을 내리쳤다. 오이디푸스는 지팡이로 왕의 가슴을 쳤는데, 늙은 왕은 전차에서 굴러 떨어져 죽고 말았다.

오이디푸스는 델포이 신탁대로 그의 친아버지를 살해한 것이다. 라이오스 왕의 부하들은 차례차례 죽임을 당했으며 한 명만이 살아서 도망쳤다. 그는 전차몰이꾼이었다. 그는 테베로 돌아가서 젊은이 한 명에게 왕과 부하들이 한꺼번에 피살된 것을 사실대로 말하지 않았다. 창피하기도 했고 자기의 말을 믿어 줄 것 같지도 않아서 그냥 떼강도의 습격을 당했다고 둘러댔다.

테베 왕실에서는 라이오스가 후계자가 없기 때문에 스핑크스를 격퇴해서 테베를 구해 내는 사람에게 왕좌를 넘겨주고 이오카스테 왕비를 아내로 주기로 결정했다.

한편 오이디푸스는 테베로 들어가는 길목에서 스핑크스와 맞닥뜨렸다. 스핑크스가 수수께끼를 냈다.

"아침에는 네 발, 한낮에는 두 발, 저녁때는 세 발이 되는 것은 무엇이냐?"

"사람이다. 아기 때는 손과 무릎으로 기어 다니니까 네 발이 되고, 어른이 되면 두 발로 걷다가, 늙으면 지팡이의 도움을 받으니 세 개의 다리가 된다."

스핑크스는 화가 치밀어 온몸을 떨다가 높은 바위에서 떨어져 즉사했다. 테베 사람들은 스핑크스가 죽었다는 소식을 듣고, 자기들을 구해 준 젊은 영웅을 대대적으로 환영했다. 오이디푸스는 스핑크스를 물리친 보답으로 테베의 왕좌에 올라 이오카스테 왕비를 아내로 차지했다. 그는 결국 델포이 신탁대로 그의 아버지를 죽이고 자기를 낳아 준 어머니와 결혼하게 된 것이다. 오이디푸스는 친어머니와 사이에 두 아들과 두 딸 등 네 명의 자식을 낳았다.

오이디푸스는 자신을 구세주로 떠받드는 테베 백성들의 사랑을 듬뿍 받으며 훌륭한 임금이 되었다. 그러나 테베에 역병이 돌면서 곡식과 가축이 죽는 재앙이 닥쳐왔다. 오이디푸스 왕은 테베를 살려 낼 대책을 얻기 위해 델포이의 아폴론 신전으로 사람을 보냈다. 라이오스 왕의 살인범을 잡아서 처벌하면 역병이 사라질 것이라는 신탁을 받았다. 오이디푸스는 그 살인범을 찾기 위해 라이오스 왕이 죽은 경위를 알아보았다. 그는 이오카스테 왕비로부터 라이오스가 살해될 당시의 상황을 듣고 자신이 테베로 오는 길목에서 한 노인과 그 일행을 죽인 상황과 비슷하다는 생각을 했다. 그러나 자신은 혼자서 노인을 처치했는데, 테베 왕실에서는 떼강도의 습격으로 왕이 죽은 것으로 알려져 있어 안도의 한숨을 쉬었다.

그런데 코린토스로부터 폴리보스 왕의 죽음을 알리기 위해 사자가 테베로 와서 오이디푸스 왕의 알현을 청했다. 그는 폴리보스 왕의 아들인 오이디푸스가 코린토스의 새 왕이 되었다고 알렸다. 그러나 오이디푸스는 델포이의 신탁을 언급하면서 어머니가 살아 있는 한 코린토스로 돌아갈 수 없다고 말했다. 신탁대로라면 그녀와 결혼해야 될 것이기 때문이다. 그러자 사자는 폴리보스 왕 부부가 오이디푸스의 친부모가 아니라는 사실을 밝혔다. 사자는 친구인 목동으로부터 아기를 건네받아 폴리보스에게 넘긴 장본인이었다. 그는 오이디푸스의 생명을 구해 준 대가를 받기 위해 사자를 자청해서 테베로 온 것이다. 오이디푸스는 당황해서 사자에게 아기를 처음 보았을 때 어떤 상태였는지 물었다. 사자는 아기의 발이 묶인 채 발뒤꿈치에 못에 찔린 듯한 구멍이 나 있었다고 말했다. 발이 부어올라 있어 오이디푸스라는 이름이 생긴 것이라고 덧붙였다. 사자로 온 폴리보스의 양치기는 오이디푸스의 추궁에 못 이겨 자신에게 아기를 부탁한 친구는 라이오스 왕의 목동이었다고 털어놓았다. 이오카스테 왕비는 비로소 오이디푸스가 자신의 아들이란 사실을 확인하고 깊은 충격에 휩싸였다. 그런데 라이오스 왕의 목동은 하필이면 라이오스가 오이디푸스에게 피살될 때 현장에서 유일하게 도망친 전차몰이꾼이었다. 그는 오이디푸스가 왕이 된 뒤에 양치기로 돌아가 시골로 내려가 있었다. 오이디푸스는 모든 진상을 파악하기 위해 그 양치기를 소환해서 코린토스에서 온 사자와 대질신문을 했다. 결국 모든 것이 명명백백해졌다. 오이디푸스는 자신의 출생에 얽힌 비밀을 알고 울부짖었다.

"신이여! 저는 태어나서는 안 될 부모님한테서 태어났고, 함께 자서는 안 될 여인과 잠을 잤으며, 죽여서는 안 될 사람을 죽였습니다."

오이디푸스 왕은 자신이 아버지에게는 한 여자를 나누어 가진 남자인 동시에 살인자이고, 어머니에게는 아들인 동시에 남편이며, 자식들에게는 아버지인 동시에 형제라는 사실이 믿기지 않았다. 이오카스테 왕비는 남편과의 사이에서 남편을 낳고, 아들과의 사이에서 자식들을 낳은 자신의 운명 앞에 통곡하면서 침실에서 목을 매어 자살했다. 오이디푸스는 어머니이자 아내인 그녀의 옷에 꽂혀 있던 황금 핀을 뽑아서 자신의 눈을 몇 번이고 찔렀다. 그는 진실을 보지 못한 자신의 두 눈을 찔러서 스스로 장님이 된 것이다.

눈이 먼 오이디푸스는 방랑의 길을 떠났다. 그는 아테네의 왕인 테세우스의 도움을 받으며 말년을 보냈다. 오이디푸스는 그의 두 딸과 테세우스가 지켜보는 가운데 두 발로 걸어서 저승으로 내려갔다. 테세우스는 오이디푸스의 두 딸에게 말했다.

"그분은 비록 죄를 지었다고는 하나, 마지막 순간까지 온 인류가 존경할 만한 분이셨다."

2부

성경 속의 짝짓기

가장 아름다운
사랑의 노래

1

고대 오리엔트, 곧 지금의 이집트에서 이라크에 이르는 띠 모양의 지역에 살았던 민족은 서양 문명의 기초를 닦은 조상으로 여겨진다. 이 지역에서 형성된 다양한 사고방식은 그리스, 로마, 나아가서는 기독교 문화로 통합되었다. 고대 오리엔트 민족 중에서 생활상이 가장 잘 알려진 민족은 유태인이다. 『성경』이 방대한 정보를 제공해 주기 때문이다.

기독교는 사랑과 용서의 종교이지만 동시에 금욕과 극기의 종교이기도 하다. 그러나 『성경』에는 간통, 매춘, 강간, 근친상간, 동성애 등 유태인들의 탐욕적인 성생활에 관한 이야기가 대부분의 사람들이 생각하는 것보다 훨씬 더 많이 소개되어 있다. 『성경』에서 인간의 성행동을 판단한 기준이 훗날 서구 문화의 성윤리에 강력한 영향을 미쳤음은 물론이다.

성적 결합의 기쁨을 찬미하다

『성경』에는 로맨틱한 사랑의 기쁨을 노래한 「아가(雅歌)」가 들어 있다. 구약 성서 중의 한 책인 「아가」는 '가장 아름다운 노래(The Song of Songs)'라는 의미이다. 「아가」는 남녀 간의 연애를 찬미한 문답체의 노래를 모아 놓은 것이다. 신에 대한 언급은 전혀 찾아볼 수 없고 오로지 사랑과 섹스의 즐거움을 표현한 남녀의 독백과 합창으로 구성되어 있다.

　「아가」는 연인을 찬미하는 여자의 독백으로 시작된다.

로맨틱한 사랑의 노래를 모아 놓은 것이 「아가」이다. 마르크 샤갈의 〈아가〉

그리워라,

뜨거운 임의 입술,

포도주보다 달콤한 임의 사랑.

임의 향내, 그지없이 싱그럽고

임의 이름, 따라 놓은 향수 같아

아가씨들이 사랑한다오.(1:2~3)

남자는 다음과 같이 화답한다.

삼단 같은 머리채에

그대의 두 볼은 귀엽기만 하고,

진주 목걸이를 건 그대의 목 또한 고와라.(1:10)

여자는 연인에 대한 황홀한 사랑의 감정을 다음과 같이 나타낸다.

사랑의 눈짓에 끌려

연회석에 들어와

사랑에 지친 이 몸,

힘을 내라고, 기운을 내라고,

건포도와 능금을 입에 넣어 주시네.

왼팔을 베게 하시고,

오른팔로 이 몸 안아 주시네.(2:4~6)

남자 또한 사랑의 기쁨을 노래한다.

나의 누이, 나의 신부여,

그대 사랑 아름다워라.

그대 사랑 포도주보다 달아라.

그대가 풍기는 향내보다

더 향기로운 향수가 어디 있으랴!

나의 신부여!

그대 입술에선 꿀이 흐르고

혓바닥 밑에는

꿀과 젖이 괴었구나. (4:10~11)

여자는 남자를 애타게 찾아 헤매는 심경을 애절하게 털어놓는다.

"나는 속옷까지 벗었는데,

옷을 다시 입어야 할까요?

발도 다 씻었는데,

다시 흙을 묻혀야 할까요?"

나의 임이 문틈으로 손을 밀어 넣으실 제

나는 마음이 설레어

벌떡 일어나

몰약이 뚝뚝 듣는 손으로 문을 열어 드렸네.

내 손가락에서 흐르는 몰약이 문고리에 묻었네.

임에게 문을 열어 드렸으나

임은 몸을 돌려 가 버리더이다.

나는 그만 넋을 잃고

가는 임을 뒤쫓다가 놓쳤다네.

임은 아무리 불러도 대답이 없었네.

그러다가 성 안을 순찰하는 야경꾼들에게 얻어맞고

성루를 지키던 파수병들에게 겉옷을 빼앗겼네.

예루살렘의 아가씨들아,

나의 임을 만나거든

제발 내가 사랑으로 병들었다고 전해 다오.(5 : 3~8)

여자의 아름다운 몸매를 묘사한 합창이 이어진다.

두 허벅지가 엇갈리는 곳은

영락없이 공들여 만든 패물이요,

배꼽은 향긋한 술이 찰랑이는

동그란 술잔,

허리는 나리꽃을 두른 밀단이요,

젖가슴은 한 쌍 사슴과 같고

한 쌍 노루와 같네요.(7 : 2~4)

남자와 여자는 욕망을 노골적으로 드러낸다. 남자가 먼저 여자
에 대한 성적 욕망을 표현한다.

> 너무나 아리땁고 귀여운 그대,
> 내 사랑, 내 즐거움이여,
> 종려나무처럼 늘씬한 키에
> 앞가슴은 종려 송이 같구나.
> 나는 종려나무에 올라가
> 가지를 휘어잡으리라.
> 종려 송이 같은 앞가슴 만지게 해 다오.
> 능금 향내 같은 입김 맡게 해 다오.
> 잇몸과 입술을 넘어 나오는
> 포도주 같은 단맛을 그대 입 속에서 맛보게 해 다오.(7:7~10)

여자는 남자에게 한 몸이 될 뜻이 있음을 내비친다.

> 이 몸은 임의 것,
> 임께서 나를 그토록 그리시니,
> 임이여, 어서 들로 나갑시다.
> 이 밤을 시골에서 보냅시다.(7:11~12)

「아가」는 여자가 남자에게 부르는 노래로 끝을 맺는다.

임이여,

노루처럼, 산양처럼

향나무 우거진 이 산으로 어서 와 주셔요.(8:14)

「아가」는 『성경』에서 남녀의 로맨틱한 사랑과 성적 결합의 기쁨을 찬미한 부분이기 때문에 특별한 의미를 지닌 것으로 평가된다.

소돔을
불태운 이유

2

사람 중에는 이성보다 동성을 사랑하는 동성애자가 섞여 있다. 인류 역사를 되돌아보면 동성애는 대부분의 사회에서 경멸과 금지의 대상이었다.

동성애자들의 도시

구약 성서는 남자끼리의 성관계를 극도로 혐오했다. 야훼는 모세에게 이스라엘 백성이 그릇된 성관계를 가져서는 안 되는 규정을 일러 주면서 "여자와 자듯이 남자와 한자리에 들어도 안 된다."(레위기 18:22)고 말하고 "여자와 한자리에 들 듯이 남자와 한자리에 든 남자가 있으면 그 두 사람은 망측한 짓을 하였으므로 반드시 사형을 당해야 한다. 그들은 피를 흘리고 죽어야 마땅하다."(레위기 20:13)고 했다.

남성 동성애자(게이)들은 대퇴부 성교와 항문 성교를 한다. 대퇴부 성교는 두 남자가 마주 보면서 상대방의 사타구니에 페니스를 끼우고 비벼 넓적다리에 사정하는 방식으로 진행된다. 항문 성교는 페니스를 상대 남자의 항문에 삽입하여 오르가슴을 느낀다. 항문 성교 행위는 비역 또는 남색이라 하는데, 남색을 의미하는 영어〔sodomy〕는 소돔에서 비롯되었다.

사해 남쪽에 있던 소돔은 동성애를 탐닉한 대가로 고모라와 함께 멸망한다. 「창세기」에 나오는 이야기이다. 하느님의 천사 둘이 저녁 때 소돔에 다다른다. 성문께에 앉아 있던 롯이 때마침 그들을 보고 자신의 집에서 하룻밤 쉬게 한다. 천사들이 잠자리에 들기 전에 소돔 시민이 늙은이 젊은이 할 것 없이 몰려와 롯에게 "오늘밤 네 집에 든 자들이 어디 있느냐? 그 자들하고 재미를 좀 보게 끌어내어라."고 소리친다. 롯은 "나에게는 아직 남자를 모르는 딸이 둘 있소. 그 아이들을 당신들에게 내어 줄 터이니 마음대로 하시오. 그러나 내가 모신 분들에게만은 아무 짓도 말아 주시오." 하며 사정한다. 천사들은 문 앞에 몰려든 사람들이 눈이 부셔 문을 찾지 못하게 만들고 롯에게 "아들 딸 말고도 이 성에 다른 식구가 있거든 다 데리고 떠나거라. 이 백성이 아우성치는 소리가 야훼께 사무쳐 올랐다. 그래서 우리는 야훼의 보내심을 받아 이곳을 멸하러 왔다."고 말한다.

여성 중에도 동성애자가 적지 않다. 귀스타브 쿠르베의 〈잠〉

　　롯이 아내와 두 딸을 데리고 소돔을 떠난 뒤에 야훼가 손수 하늘
에서 유황불을 소돔과 고모라에 퍼부어 도시와 사람을 모조리 태
워 버린다. 소돔과 고모라와 그 분지 일대의 땅에서는 마치 아궁이
에서 뿜어 나오는 것처럼 연기만 치솟았다(창세기 19:1~29).

　　『성경』에는 동성애가 빌미가 되어 집단 강간이 발생하고 내전으

로 비화되어 한 도시가 멸망하는 이야기가 소개된다. 레위인 한 사람이 첩과 함께 여행 도중 기브아에 있는 어느 노인의 집에서 하룻밤을 묵게 된다. 무뢰배들이 몰려와서 노인에게 남색의 상대로 레위인을 요구한다. 레위인은 자신의 첩을 기브아 남자들에게 넘겨준다. 그들은 그녀를 밤새도록 욕보였으며 결국 죽게 만든다(판관기 19).

첩의 죽음이 도화선이 되어 이스라엘 백성 사이에 내전이 일어났으며 기브아를 공격한 이스라엘군은 기브아 성의 사람과 짐승을 만나는 대로 칼로 쳐 죽이고 하나도 남기지 않았다(판관기 20).

동성애는 용서할 수 없는 죄악

동성애에 대한 기독교의 입장을 공식적으로 정리한 최초의 인물은 사도 바울이다. 남성뿐만 아니라 여성 동성애자(레즈비언)도 경멸했다. 바울은 "인간이 이렇게 타락했기 때문에 하느님께서는 그들이 부끄러운 욕정에 빠지는 것을 그대로 내버려 두셨습니다. 여자들은 정상적인 성행위 대신 비정상적인 것을 즐기며 남자들 역시 여자와의 정상적인 성관계를 버리고 남자끼리 정욕의 불길을 태우면서 서로 어울려서 망측한 짓을 합니다."(로마서 1:26~27)라고 말하고, 남색 하는 자는 하느님의 나라를 차지할 수 없다고 경고한다(고린토전서 6 : 9).

　동성애가 바울에 의해 용서할 수 없는 죄악으로 간주됨에 따라 동성애자들은 교회로부터 처벌받게 된다. 이를테면 4세기 초 동성애자에게는 세례를 해 주지 않았으며, 그 짓을 그만둘 때까지 설교를 듣는 일조차 금지되었다. 이러한 규제에도 불구하고 수도원 생활이 확산되면서 성직자들 사이에 동성애가 성행하기 시작함에 따라 교회법은 진통을 겪게 된다. 가령 567년 열린 종교 회의에서는 수도사들이 침대에서 잠을 자서는 안 된다는 규정을 채택한다. 아울러 수도원의 등불을 밤새도록 켜 두라는 명령이 내려진다. 693년 열린 회의에서는 성직자들 사이에 남색이 성행하므로 주교나 사제일 경우 직위를 박탈하고 종신 유배의 형벌에 처할 것을 결정한다.

남성 동성애자는 항문 성교로 사랑을 나눈다.

동성애자에게 부과되는 벌칙은 해당자의 나이나 성행위의 종류에 따라 다르게 적용됐다. 예컨대 7세기에 교회에서는 게이의 다섯 가지 성적 기교인 키스, 상호 수음, 대퇴부 성교, 구강 성교, 항문 성교에 대해 차등을 두어 형량을 결정했다. 키스의 경우 범법자가 20세 미만일 때 단순 키스는 6일, 음란한 키스는 8일, 사정 또는 포옹이 수반된 키스는 10일의 단식에 처해졌다. 동성애자가 20세 이상일 때는 키스의 형태를 구분하지 않고 단식의 벌칙을 받았으며 교회에서 추방되었다. 상호 수음은 20∼40일, 대퇴부 성교는 2년, 구강 성교는 4년, 항문 성교는 7년의 참회를 선고받았다.

13세기에는 동성애에 대한 교회의 태도가 더욱 경직된다. 철학자이자 신학자인 토마스 아퀴나스(1225∼1274)가 동성애는 조물주뿐만 아니라 인간의 관점에서도 부자연스럽고 색정적인 탈선이라고 강조했기 때문이다. 그의 영향력은 당대는 물론이고 후대에까지 절대적이어서 14세기부터 동성애자들은 서방의 교회와 국가 어디에서도 피난처를 찾을 수 없게 된다.

재혼은
간음이다

3

"너희는 간음하지 못한다." 구약 성서에 나오는 십계의 일곱 번째 계율이다(출애굽기 20:14, 신명기 5:18).

간통은 야훼(하느님)의 계율을 어긴 행위로 간주된다. 창세기 39장이 그 좋은 예이다.

요셉은 이집트로 끌려가서 파라오의 신하인 경호대장 보디발의 노예로 팔린다. 요셉은 잘생긴 사내였으므로 보디발의 아내로부터 유혹을 받는다. 그러나 요셉은 마님을 범접하는 것은 하느님에게 죄가 된다고 거절한다. 날마다 수작을 걸었으나 뜻을 이루지 못한 보디발의 아내는 화풀이로 요셉에게 강간의 누명을 씌운다(창세기 39:1~19).

아내의 간통을 밝히는 절차

간통에 대한 경고는 구약 성서의 도처에서 찾아볼 수 있다. 남의 아내를 범한 사내가 붙잡히면, "맞아 터지고 멸시를 받으며 씻을 수 없는 수모를 받게 된다. 그 남편이 질투에 불타 앙갚음하는 날엔 조금도 사정을 보지 아니 할 것"(잠언 6:32~35)이다.

호색의 죄에 대한 경고도 빠뜨리지 않는다. 호색가는 상대를 가리지 않고 다 좋아해서 죽을 때까지 지칠 줄 모른다. 부정한 침소에서 나온 자는 마음속으로 말할 것이다. "아무도 보지 않는다. 주위에는 어둠뿐, 벽이 나를 가려 주지 않느냐? 아무도 보는 이 없으니 겁날 게 무엇이냐?" 그러나 주님의 눈이 태양보다 만 배나 더 밝으시다는 것을 모르고 있다. 이런 자는 온 동네 뭇사람들 앞에서 벌 받을 것이며, 뜻하지 않은 때에 생각지도 못한 곳에서 잡힐 것이다(집회서 23:16~21).

여자의 간음에 관하여 흥미로운 표현이 구약 성서에서 적지 않게 발견된다. 가령 "정말 모를 일이 네 가지 있으니, 곧 독수리가 하늘을 지나간 자리, 뱀이 바위 위를 기어간 자리, 배가 바다 가운데를 지나간 자리, 사내가 젊은 여인을 거쳐 간 자리"라고 언급하고 "간음하는 여인의 행색도 그와 같아 먹고도 안 먹은 듯 입을 씻고 '난 잘못한 일 없다'고 시치미 뗀다."는 것이다(잠언 30:20).

야훼는 모세에게 아내가 간통한 것을 밝히는 절차를 가르쳐 준다.

남편 몰래 외간 남자와 잠자리를 하여 몸을 더럽히고 숨기고 있는데도 증인이 없고 현장에서 붙들리지 않았을 경우, 남편은 아내

를 사제에게 데리고 가서 보릿가루를 예물로 바친다. 사제는 그
여인을 가까이 오게 하여 야훼 앞에 세운다. 그리고 거룩한 물을
오지그릇에 떠 놓고 성막 바닥에 있는 먼지를 긁어서 물에 탄 다
음에, 그 여인의 머리를 풀게 한다. 그러고 나서 죄를 고백하게 하
는 곡식 예물을 여인의 두 손바닥에 들려 주고, 사제는 저주를 내
려 고통을 주는 물을 손에 든 채 여인에게 다음과 같이 말하며 맹
세를 시킨다. "외간 남자와 한자리에 든 일이 있느냐? 유부녀로서
남편을 배신하고 몸을 더럽힌 일이 있느냐? 만일 그런 일이 없다
면 저주를 내려 고통을 주는 이 물이 너를 해롭게 하지 못할 것이
다." 그 물을 여인에게 마시게 했을 때 그 여인이 정말 몸을 더럽
혀서 남편을 배신한 일이 있었다면, 그 저주를 내리는 물이 들어
가면서 여인은 배가 부어오르고 허벅지가 말라비틀어질 것이다
(민수기 5:11~28).

간통한 사실이 발각되면 남녀 모두 반드시 함께 사형을 당해야
한다(레위기 20:10, 신명기 22:22). 특히 자기 남편을 버리고 딴 남자의
아이를 낳은 여자의 경우, 여자는 물론이고 그녀의 소생까지 저주
받게 된다.

간음으로 딴 남자에게서 사생아를 낳은 여자는 공중 앞에 끌려
나가 벌을 받을 것이며, 사생아들은 아무 곳에도 뿌리내리지 못한
다. 간음녀의 말로를 본 후대 사람들은 주님의 계명을 지키는 것보
다 더 감미로운 것이 없음을 알게 된다(집회서 23:22~28).

간음의 소생들은 장래가 없으며, 불법의 잠자리에서 낳은 자는

멸망하고 만다. 그들이 비록 오래 산다 하더라도 아무런 값어치가 없으며, 결국은 노년기에 가서 영예스러운 것이 하나도 없다(지혜서 3:16~18).

밧세바의 남편을 사지로 보내다

구약 성서에서 가장 유명한 간통 사건은 다윗과 밧세바 사이의 불륜이다. 유다의 왕인 다윗은 어느 날 저녁 궁전 옥상을 거닐다가 목욕하고 있는 한 아름다운 여인을 보게 된다. 밧세바라는 유부녀였다. 그녀의 남편인 우리야는 군인으로 싸움터에 나가 있었다. 다윗은 밧세바를 데려다가 정을 통했는데, 임신하게 된다. 다윗은 태아의 아버지를 속이기 위해 우리야를 싸움터에서 불러들여 술상을 차려 주고 밧세바와 동침하기를 바랐으나, 우리야는 끝내 집으로 들어가지 않고 대궐 문간에서 근위병들과 함께 잤다. 다음 날 다윗이 우리야에게 집에 들어가지 않은 이유를 하문한즉슨, 우리야는 다음과 같이 대답했다.

"온 이스라엘 군과 유다 군이 야영 중입니다. 법궤도 거기에 있습니다. 제 상관 요압 장군이나 임금님의 부하들도 들판에 진을 치고 있습니다. 그런데 저만 집에 가서 편히 쉬며 먹고 마시고 아내와 더불어 밤을 지내다니, 도저히 그렇게는 할 수 없습니다."

다윗은 사령관 앞으로 편지를 써서 우리야에게 들려 보냈다. 그 편지에는 우리야를 전투가 가장 심한 곳에 내보내 죽게 하라는 내용이 적혀 있었다. 결국 우리야는 격전지로 배속되어 적군의 화살

다윗은 부하의 아내인 밧세바와 결혼하여 솔로몬을 낳는다.
세바스티아노 리치의 〈밧세바의 목욕〉

을 맞고 전사한다. 우리야가 전사했다는 전갈을 받고 밧세바는 남
편을 위해 곡을 했다. 다윗은 예를 갖추어서 밧세바를 아내로 맞아
들인다. 밧세바의 몸에서 아들이 태어난다. 야훼는 다윗의 행동이
눈에 거슬렸다(사무엘 하 11).

　야훼는 예언자를 다윗에게 보내 야훼를 얕본 벌로 밧세바의 아
기에게 중병을 내릴 것임을 통보한다. 다윗은 식음을 전폐하고 베

옷을 걸친 채 밤을 새우며 어린 것을 살려 달라고 맨 땅에 엎드려 하느님에게 애원했다. 그러나 아기는 일주일 만에 숨을 거둔다.

다윗은 아기가 죽게 되자 야훼에게 예배를 올린 다음에 집에 돌아와 밧세바를 위로하며 잠자리를 같이한다. 밧세바는 다윗의 두 번째 아들을 낳는다. 이름은 솔로몬이다(사무엘 하 12).

이혼과 재혼은 간음행위

간통은 신약 성서에서도 구약 성서에서처럼 경멸을 받는 행위이다.

예수는 산상설교에서 "누구든지 여자를 보고 음란한 생각을 품는 사람은 벌써 마음으로 그 여자를 범했다."(마태오복음 5:28)고 말하고, 길을 떠날 때 부자 청년이 다가와서 영생을 얻기 위해 무엇을 해야 하는지를 묻자 간음하지 말라는 계명을 상기시킨다(마르코복음 10:17~19).

그러나 예수는 간음한 여자를 타살되기 직전에 구출하는 아름답고 극적인 에피소드를 남긴다. 율법학자들과 바리새파 사람들이 간통 현장에서 붙잡혀 온 여자를 모세 법에 따라 돌로 쳐 죽이는 문제에 대해 의견을 물어 오자 예수는 "너희 중에 누구든지 죄 없는 사람이 먼저 저 여자를 돌로 쳐라."고 말한다. 결국 아무도 돌을 던지지 못하고 그녀는 죽음을 면한다(요한복음 8:3~11).

사도 바울은 사랑의 의무를 다하려면 간음하지 말라는 계명을 지켜야 한다고 말하고(로마서 13:8~10), 음란한 자와 간음하는 자는 하느님의 심판을 받을 것이며(히브리서 13:4), 간음하면 하느님의 나라에서 추방된다고 편지에 적고 있다(고린토전서 6:9).

그러나 신약 성서에서 간통은 새롭게 정의된다. 결혼과 이혼에 대한 예수의 가르침에 따르면 이혼한 사람이 재혼할 경우 간통을 범한 것으로 간주된다.

바리새파 사람들이 예수의 속을 떠보려고 "남편이 아내를 버려도 좋습니까?"라고 묻는다. 예수는 "천지창조 때부터 하느님은 사람을 남자와 여자로 만들었다. 그러므로 사람은 그 부모를 떠나 자기 아내와 합하여 둘이 한 몸이 되는 것이다. 따라서 그들은 이제 둘이 아니라 한 몸이다. 그러므로 하느님이 짝 지어 준 것을 사람이 갈라놓아서는 안 된다."고 대답한다. 제자들이 이 말씀에 대해 물으니 예수는 "누구든지 자기 아내를 버리고 다른 여자와 결혼하면 그 여자와 간음하는 것이며, 또 아내가 자기 남편을 버리고 다른 남자와 결혼해도 간음하는 것이다."고 말한다(마르코복음 10:1~12, 루가복음 16:18).

또한 예수는 "누구든지 음행한 경우를 제외하고 아내를 버리면, 이것은 그 여자를 간음하게 하는 것이다. 또 그 버림받은 여자와 결혼하면 그것도 간음하는 것이다."고 말한다(마태오복음 5:32, 19:1~12). 여기서 유의할 대목은 「마르코복음」에는 없는 '음행한 경우를 제외하고'라는 말이 추가된 점이다. 이혼에 대한 규제가 다소 완화된 셈이다. 어쨌거나 신약 성서에서 이혼을 엄금하고 재혼을 간음 행위로 규정함에 따라, 기독교의 지배를 받아 온 서양 문화권에서 뜻이 맞지 않는 부부들은 '음행한 경우'라는 단서 조항을 최

예수는 간음한 여자를 타살되기 직전에 구출한다. 렘브란트 반 레인의 〈예수와 간음녀〉

대한 활용할 수밖에 없었다.

이를테면 캐나다에서는 한때 부부가 이혼하기 위해 서로 짜고 음행의 증거를 날조하는 일이 비일비재했다. 남편이 싸구려 호텔에 투숙해서 여자 한 명을 고용하여 그녀의 젖가슴을 드러내게 하고 자신은 팬티만 걸친 채 침대에 함께 드러눕는다. 때맞추어 사설탐정이 사진사를 데리고 들이닥쳐 동침 장면을 촬영한다. 사진 찍는 일이 끝나는 즉시 네 사람은 모두 호텔을 떠난다. 아내는 법정에서 이 사진을 남편의 음행 증거로 제출한다. 이러한 꿍꿍이속을 간파한 캐나다 당국은 딜레마에 봉착했다. 함께 있으면 불행한 부부가 간통 이외의 이유로 이혼이 불가능하기 때문에 이혼하기 위해 법정에서 속임수를 쓸 수밖에 없는 현실을 외면할 수 없었던 것이다. 결국 캐나다 정부는 법률의 이혼 조건을 완화했다.

오늘날 예수의 가르침에 따라 이혼과 재혼을 간음 행위로 여기는 기독교도들을 찾아보기 힘들다는 것은 주지의 사실이나.

강간은 남자의
재산을 훔치는 것

4

『성서』의 율법이 가장 기이하게 적용되는 성행위는 강간이다. 예컨대 약혼하지 않은 처녀와 강제로 성교하다 붙잡히면 강간범은 처녀의 아비에게 50세겔을 물어야 하고, 몸을 버려 놓았으므로 평생 데리고 살아야 한다(신명기 22:28~29). 약혼한 남자가 있는 처녀를 강간했을 경우에는 강간한 장소에 따라 처벌 내용이 달라진다. 들판에서 겁탈했을 때에는 남자만 죽인다. 처녀가 소리를 질러도 구해 줄 사람이 없었기 때문이다(신명기 22:25~27). 그러나 성읍 안에서 사건이 발생했을 경우에는 남녀 모두 성문 있는 데로 끌어내다가 돌로 쳐 죽인다. 처녀가 강간당하면서 소리를 질러 구원을 청하지 않았으므로 화간(和姦)으로 간주된 것이다(신명기 22:23~24).

집단 강간으로 전쟁 일어나

구약 성서에는 강간이 빌미가 되어 대량 학살이 발생한 사례가 나온다. 「창세기」 34장과 「판관기」 19~20장은 강간을 대량 학살로 보복하는 잔혹한 이야기이다.

「창세기」 34장의 여주인공은 야곱의 딸인 디나이다. 가나안 땅의 지방 군주인 하몰의 아들 세겜이 디나를 붙들어다가 겁탈하고 애정을 호소한다. 야곱의 자식들은 누이가 능욕당했다는 말을 듣고 머리끝까지 화가 치밀었다.

하몰은 야곱에게 찾아와 디나를 며느리로 달라고 청혼한다. 세겜도 디나의 아버지와 오빠들에게 아내로 줄 것을 간청한다. 야곱의 아들들은 누이가 욕본 것을 생각하면 화가 치밀었지만 시치미를 떼고 하몰과 세겜에게 "할례(割禮)받지 않은 사람에게 우리 누이를 줄 수 없다."고 거절하고 할례를 통혼 조건으로 제시한다.

할례는 생후 8일째 되는 날 음경의 포피(包皮)를 절개하여 귀두가 노출되도록 봉합하는 유대인 고유의 의식이다. 하느님은 아브라함에게 "너희 남자들은 모두 할례를 받아라. 이것이 너와 네 후손과 나 사이에 세운 내 계약으로서 너희가 지켜야 할 일이다."고 말한다(창세기 17:9~10).

하몰과 세겜은 야곱의 자식들이 내놓은 조건을 받아들이기로 한다. 그들은 성문에 나가 자기들이 다스리는 주민들에게 할례를 권유한다. 성문께로 나왔던 남자들은 모두 포경 수술을 한다. 사흘 뒤 그들이 아직 아파서 신음하고 있을 때 디나의 친오빠들은 성 안

으로 들어가 남자라는 남자는 모조리 죽인다. 하몰과 세겜도 칼로
쳐 죽인다. 양 소 나귀 떼뿐 아니라 그 성 안에 있는 것은 모조리 빼
앗아 간다. 자식과 아낙네 들을 사로잡고 집이라는 집은 다 털었
다. 이렇게 하여 야곱의 자식들은 누이가 욕본 것을 철저하게 보복
하였다(창세기 34:1~29).

「판관기」 19~20장에는 왕이 아직 없던 시절에 이스라엘을 휩
쓸었던 도덕적 무질서로 말미암아 집단 강간으로 시작되어 내전으
로 비화되고 집단 학살로 막을 내리는 이야기가 묘사되어 있다.

이스라엘을 다스리는 왕이 없어 모든 사람들이 제멋대로 행동하
던 시대에 레위인 한 사람이 베들레헴 출신의 젊은 첩과 산 깊숙이
들어가 살고 있었다. 어느 날 화나는 일이 있어 그 첩은 친정으로
돌아가 버린다. 남편은 처가로 가서 첩을 데리고 오는 도중에 해가
저물어 베냐민 지파에 속한 기브아에서 밤을 보내게 된다. 누구 하
나 집에 들어와 묵으라고 맞아들이는 사람이 없었는데, 한 노인을
만나 그의 집에서 나귀에게 여물을 주고 발 씻을 물과 음식을 대접
받는다. 그들이 한창 맛있게 먹고 있는데 그 성에 사는 무뢰배들이
몰려와서 집을 에워싸고 노인에게 레위인을 내보내라고 강요한다.

노인은 베냐민 사람 가운데 망나니 같은 사내들이 남자가 여자
와 성교하는 것처럼 레위인과 관계하려는 수작임을 잘 알고 있었
다. 그래서 노인은 그들에게 "나에게 처녀 딸 하나가 있는데 내어
줄 터이니 욕을 보이든 말든 좋을 대로들 하게. 그러나 이 사람에
게만은 그런 고약한 짓을 해서는 안 되네."라고 말한다. 그들이 이

말을 들으려 하지 않는 것을 보고 레위인은 자신의 첩을 밖에 있는 자들에게 넘겨주었다. 그들은 그 여자를 밤새도록 욕보였다. 날이 밝자 그 여인은 남편이 묵고 있는 집으로 돌아와서 문지방을 붙잡은 채 쓰러져 있었다. 레위인은 첩의 시체를 나귀에 얹어 가지고 자기 고장으로 돌아갔다. 그는 집에 도착하는 길로 칼을 뽑아 첩의 몸을 열두 토막으로 잘라서 이스라엘의 모든 부족들 앞으로 보냈다. 물론 베냐민 지파는 제외되었다. 그는 기브아인들의 만행을 응징해 주기를 바라고 있었다(판관기 19).

레위인이 이스라엘 각 지파에 보낸 첩의 살덩이는 내전의 불씨가 된다. 이스라엘 백성들은 야훼 앞에 모여 총회를 열고 이스라엘 전군의 지휘관들은 각 지파를 거느리고 집결한다. 칼을 차고 나선 보병이 40만 명이나 되었다. 베냐민 지파도 여러 성읍에 살고 있는 베냐민 사람들을 기브아에 집결시킨다. 기브아 주민 말고도 칼을 찬 군인이 2만 6,000명이나 되었지만 중과부적이었다.

대세는 이미 이스라엘 군으로 기운 상태였다. 전투에서 승리한 이스라엘 군은 도주하는 베냐민 병사들을 추격하여 도륙한다. 살아남은 용사는 600명에 불과했다. 그들은 가까스로 천연 요새로 도피한다. 이스라엘 군은 베냐민인들의 성읍을 모조리 불태우고 주민들을 닥치는 대로 학살했다(판관기 20).

전투와 그에 이은 학살에서 살아남은 베냐민 지파의 남자는 천연 요새에 숨은 600명뿐이었으며 여자는 전원이 칼에 맞아 죽었다. 이스라엘인들은 자신들의 응징이 베냐민 지파의 멸종을 초래하고 있다는 사실을 깨닫게 된다. 그러나 그들은 이미 자기네 여자를 베냐민 지파에 시집보내지 않기로 하느님에게 서약했던 터라 기상천외한 방법으로 베냐민 남자들에게 배우자를 찾아 준다. 베냐민 응징을 결의하는 총회에 야베스길르앗에서 주민이 한 사람도 참석하지 않은 사실을 구실 삼아 1만 2,000명의 정예 부대를 그 도시로 보내서 모든 사내들과, 남자와 잔 적이 있는 여자들, 아이들까지 전멸시키고 처녀들만 살려 둔다. 살아남은 처녀 400명은 천연 요새에 숨어 있던 600명의 병사들에게 베냐민 지파의 씨받이로 제공된다. 그러나 여자의 수가 부족했으므로 이스라엘인들은 베냐민 병사들을 축제가 열리는 실로로 보내서 "포도밭에 숨어 있다가 실로 처녀들이 떼 지어 춤추러 나오는 것이 보이거든 포도밭에서 나와 그 실로 처녀들 중에서 아내를 골라잡아 가지고 베냐민 땅으로 돌아가거라."고 지시했다(판관기 21).

「판관기」 19~21장은 한 여자의 윤간과 사지 절단이 정치적 대의명분으로 둔갑하여 동족 간의 집단 학살을 초래하고, 이어서 멸종 위기에 처한 부족을 존속시키기 위해 대량 학살, 납치, 강간이 용인되는 악순환을 보여 준다. 단 한 명의 여자에 대한 우발적인 집단 강간 사건 때문에 수많은 남녀노소가 도륙되고 수백 명의 처녀들이 계획적인 집단 강간의 제물이 되는 일련의 사태 진전은 참으로 충격적이지 않을 수 없다.

처녀막은 값비싼 재산

강간은 궁궐 안에서도 일어났다. 다윗 왕의 자식들 사이에서 근친상간에 가까운 강간 사건이 발생하여 암살, 반역, 내전 등 연쇄 반응을 일으킨다. 「사무엘 하」 13장의 주인공은 다윗의 맏아들인 암논, 그의 이복 누이동생인 다말, 다말의 친오빠인 압살롬 등 세 사람이다. 다말을 짝사랑한 암논은 잔꾀로 다말을 끌어들여 강간한다. 암논은 욕을 보이고 나자 마음이 변해서 전에 사랑했던 것만큼 다말이 싫어졌다. 암논에게 쫓겨난 다말은 오라비 압살롬의 집에서 쓸쓸한 나날을 보낸다. 압살롬은 다말을 욕보인 암논에게 앙심을 품는다. 그로부터 두 해가 지났다. 압살롬은 양털 깎는 절기를 맞아 대궐 잔치만큼 크게 차리고 왕자들을 초대한다. 압살롬의 부하들은 암논이 술에 취해 거나해지자 쳐 죽인다. 압살롬은 멀리 도망쳐 버린다.

『성서』에는 윤간에 실패한 회풀이로 여인에게 간통의 누명을 씌운 이야기가 소개된다. 요아킴의 아내인 수산나는 용모가 아름다운 요조숙녀였다. 요아킴은 큰 부자로 존경받는 인물이었기 때문에 많은 유다 사람들이 그를 찾아왔다. 백성 가운데 재판관으로 뽑힌 두 노인도 요아킴의 집을 자주 드나들었다. 두 노인은 수산나에게 음욕을 품고 윤간하기로 모의한다. 그들은 정원에서 목욕하는 수산나에게 통정을 요구했지만 거절당하자 하인들에게 젊은 청년과 정을 통하는 광경을 목격했다고 거짓말을 한다. 결국 수산나는 사형을 선고받고 형장으로 끌려 나간다. 그때 하느님이 다니엘이

수산나는 두 노인에게 윤간당할 뻔한다. 자코포 틴토레토의 〈수산나의 목욕〉

라는 소년의 마음속에 성령을 불어넣어 군중을 향해 두 노인의 증
언이 거짓이라고 외치게 한다. 다니엘은 두 노인을 심문하여 위증
한 사실을 밝혀낸다. 두 노인은 사형당하고 수산나는 목숨을 건진
다(다니엘 13).

  강간은 개인의 성적 권리를 침해하는 행위이므로 당연히 범죄이

여자의 육체는 전쟁에서 승리한 쪽의 전리품에 포함되었다. 막스 에른스트의 〈신부의 납치〉

다. 그러나 강간에 대한 『성서』의 태도는 여자의 성적 권리보다는 남자의 재산권에 피해를 안겨 준 행위로 규정하고 있다. 가령 강간범이 처녀 아버지에게 돈으로 피해를 보상하고 결혼하면 문제가 해결된다(신명기 22:28~29). 딸의 파열되지 않은 처녀막을 아버지가 신랑에게 팔 수 있는 값비싼 재산으로 여기기 때문이다. 요컨대 여자가 성교에 동의하지 않았기 때문에 강간이 범죄가 되는 것이 아니라, 그 여자를 소유한 남자가 성교를 허락하지 않았기 때문에 범죄로 성립된다는 의미이다.

　강간을 재산의 침해로 보는 사례는 전쟁과 폭동 중에 발생하는 강간에서 찾아볼 수 있다. 역사적으로 여자의 육체는 전쟁에서 승리한 쪽의 전리품에 포함되었다. 구약 성서에도 그러한 대목이 있다. 모세는 이스라엘 사람들에게 "너희 하느님 야훼께서 그 성을 너희 손에 붙이실 터이니, 거기에 있는 남자를 모두 칼로 쳐 죽여라. 그러나 여자들과 아이들과 가축들과 그 밖에 그 성 안에 있는 다른 모든 것은 전리품으로 차지해도 된다."(신명기 20:13~14)고 말한다.

매춘은
필요악이다

5

구약 성서에는 매춘에 대해 언급한 부분이 적지 않다. 야훼는 모세에게 "너희 딸을 창녀로 내놓아 몸을 더럽히게 하지 말라."(레위기 19:29)는 율법을 내리고, 모세의 형인 아론의 자손들에겐 "창녀로서 몸을 더럽힌 여자를 아내로 맞이하지 못한다."(레위기 21:14)고 이른다.

예루살렘의 사창가

이스라엘에서는 사원 매춘, 즉 여성이 매춘으로 얻은 수입을 신전에 바치는 행위가 존재했던 것 같다. 「창세기」 38장에 나오는 유다와 다말의 일화가 좋은 예이다. 유다의 맏며느리인 다말은 남편이 죽은 뒤에 친정으로 돌아가 살게 된다. 자식도 없이 과부 신세가 된 다말은 시댁의 혈통을 단절하지 않기 위해 중대 결심을 한다. 과부의 옷차림 대신 너울로 몸을 가린 매춘부로 변장하고 시아버지인 유다가 양털을 깎으러 가는 길목에 나가 앉는다. 유다는 그의 며느리를 신전 창녀로 착각하여 그녀의 몸을 사려고 수작을 건넨다. 공교롭게도 유다는 가진 돈이 없었기 때문에 화폐 대신 인장과 지팡이를 담보물로 맡긴다. 두 사람은 동침하여 다말은 아이를 갖는다. 훗날 유다는 친구를 보내 담보를 돌려받으려 했으나 그 여인은 이미 거기에 없었다. 석 달쯤 지나 유다는 다말이 창녀짓을 하여 아이를 가졌다는 소문을 듣게 된다. 유다는 다말을 끌어내어 화형에 처하라고 명령한다. 다말은 유다에게 인장과 지팡이의 주인이 아이의 아버지라고 전갈을 보낸다. 다말은 아들 쌍둥이를 낳는다(창세기 38:6~27).

매춘부는 팔레스타인의 도처에서 장사를 했다. 그들은 다말의 이야기에서처럼 성문 근처의 길섶에서 몸을 팔았다. 길거리의 떠돌이 창녀들은 "장터마다에 단을 쌓았고 산디(山臺)를 만들었다. 어귀마다에 산디를 만들어 놓고는 지나가는 아무에게나 가랑이를 벌리고 수없이 몸을 팔아 아름다운 몸을 더럽혔다. 물건이 크다고 해서 이웃나라 이집트 사람들에게도 몸을 팔았다."(에제키엘 16:24~26).

한편 사창가도 존재했다. 예레미야는 예루살렘에서 창녀집에 몰려다니는 사람들을 언급했다(예레미야 5:7).

갈보집은 도시의 외곽 부근에 있었던 것 같다. 창녀 라합의 이야기에 잘 나타나 있다. 모세의 부관 출신으로 지도자가 된 여호수아 장군은 예리고 지역에 정탐원을 밀파했는데, 그들은 라합의 집에 은신한다. 그녀가 살고 있는 집은 성벽에 붙어 있었는데, 정탐원들이 예리고 왕에게 쫓기게 되자 그녀는 이들을 탈출시켜 무사히 돌아가게 한다(여호수아 2:1~24). 여호수아는 예리고 성을 점령하고 백성에게 "저 성과 그 안에 있는 모든 것을 야훼께 바쳐 없애 버려라. 다만 창녀 라합의 목숨과 그의 집에 있는 사람만은 살려 두어라. 그 여자는 우리의 사명을 띠고 갔던 사람들을 숨겨 주었다."고 외쳤다(여호수아 6:17).

삼손과 들릴라

구약 성서에는 매춘부를 필요악으로 용인한 대목이 자주 나온다.

「판관기」에는 창녀의 아들인 입다가 판관이 되는 이야기가 소개된다. 길르앗과 매춘부 사이에 태어난 입다는 굉장한 장사였다. 그는 길르앗 본처의 아들들로부터 구박받고 집에서 쫓겨나 건달패들을 모아 비적 떼의 두목이 된다. 암몬 사람들이 이스라엘을 공격해 오자 원로들이 입다에게 도움을 청한다. 백성들이 그를 수령이자 사령관으로 받들어 모시게 되자, 입다는 암몬 군을 쳐부순다(판관기 11). 입다는 6년 동안 이스라엘의 판관을 지내다가 죽는다(판관기 12:7).

20년 동안 이스라엘의 판관을 지낸 삼손은 가자 지방의 매춘부인 들릴라를 사랑하게 되었다. 삼손은 당나귀 턱뼈 하나를 휘둘러

삼손은 매춘부인 들릴라와 비극적인 사랑을 한다. 페터 파울 루벤스의 〈삼손과 들릴라〉

천 명이나 쳐 죽이고(판관기 15:16), 성문을 두 문설주와 빗장째 뽑아 어깨에 메고 산꼭대기에 던져 버릴 정도였다(판관기 16:3). 불레셋 추장들은 들릴라에게 삼손의 큰 힘이 어디에서 나오는지 알아내 주면 돈을 주겠다고 꼬드긴다. 들릴라가 날이면 날마다 악착같이 졸라 대는 바람에 삼손은 마침내 속을 털어놓고 만다. "나는 모태로부터 하느님께 바친 나지르인이야. 그래서 내 머리에는 면도칼이 닿아 본 적이 없다. 내 머리카락만 깎으면 나도 힘을 잃고 맥이 빠져 다른 사람과 조금도 다를 것이 없이 되지." 결국 들릴라의 무릎에 누워 잠든 새 머리카락이 잘린 삼손은 불레셋 사람들에게 붙잡혀 눈이 뽑힌 다음 놋사슬 두 줄에 묶여 옥에서 연자매를 돌리게 된다(판관기 16:4~22).

또한 매춘부들은 왕에게 송사를 요구할 정도로 법률적 권리를 보장받았다. 예컨대 두 사람의 창녀가 왕 앞에서 한 아이를 놓고 서로 자신의 소생이라고 우긴 사건이 발생했다. 왕은 칼로 산 아이를 둘로 나누어 반쪽씩 갖도록 명령을 내렸다. 한 창녀는 왕의 지시에 동조했고 다른 창녀는 아이를 상대 여자에게 주더라도 죽이지 말아 달라고 간청했다. 그러자 왕은 아이를 둘로 나누는 것을 반대한 창녀에게 아이를 내주도록 분부한다. 그 유명한 솔로몬의 재판이다(열왕기 상 3:16~28).

매춘을 아무런 도덕적 비난도 하지 않고 필요악으로 인정함에 따라 일단 매춘부 신분이 된 여인네들은 처벌을 받지 않고 열심히 돈벌이에 나섰다. 창녀의 생활상은 「잠언」에 상세히 묘사되어 있다.

가령 "그 계집은 집에 붙어 있을 생각은 않고, 들떠서 수선을 피우며 이 거리 저 장터에서 길목마다 지켜 섰다가 그 젊은이를 붙잡고 입을 맞추며 부끄러워하지도 않는다."(잠언 7:11~13). 그러나 창녀도 늙어 아름다움이 사라지면 남자들로부터 버림받게 된다. 예언자 이사야는 "기억에서 사라졌던 창녀야, 수금(리라)을 들고 거리를 쏘다녀라. 수금을 멋지게 뜯으며 마냥 노래를 불러라. 그리하여 네 생각이 다시 나게 하여라."고 말한다(이사야 23:16).

매춘부 막달라 마리아

매춘은 신약 성서에서도 여전히 필요악으로 인정된다. 예수는 창녀의 존재를 잘 알고 있었다. 예컨대 예수는 바리새파 사람들에게 "나는 분명히 말한다. 세리와 창녀들이 너희보다 먼저 하느님의 나라에 들어가고 있다. 사실 요한이 너희를 찾아와서 올바른 길을 가르쳐 줄 때에 너희는 그의 말을 믿지 않았지만 세리와 창녀들은 믿었다."(마태오복음 21:31~32)고 말했다.

흥미로운 대목은 예수의 직계 조상에 창녀가 포함된 사실이다. 예수의 족보를 보면 다말과 라합의 이름이 나온다(마태오복음 1:3~5). 이들은 이스라엘 사람이 아니면서 이스라엘 남자와 결혼했으며, 창녀 행세를 하거나 남자를 유혹하는 등 성 행각을 벌인 여인들이다.

특히 라합의 이야기는 신약 성서에서 신앙으로 목숨을 건진 인물로 칭송된다. 가령 "창녀 라합은 믿음으로 정탐꾼을 자기편처럼 도

막달라 마리아는 창녀이지만 예수의 생모인 마리아 다음으로 중요시되는 여인이다. 티치아노의 〈막달레나〉

와주어 하느님을 거역하는 자들이 당하는 멸망을 같이 당하지 않았으며"(히브리서 11:31), "창녀 라합도 유다인들이 보낸 사람들을 친절히 맞아들였다가 다른 길로 떠나보낸 행동으로 말미암아 올바른 사람으로 인정받은 것이 아닙니까. 영혼이 없는 몸이 죽은 것과 마찬가지로 행동이 없는 믿음도 죽은 믿음입니다."(야고보서 2 : 25 ∼ 26)라고 적혀 있다.

매춘에 대한 신약 성서의 온정적인 견해를 상징하는 대표적 인물은 막달라 마리아이다. 예수가 하느님 나라를 선포하고 복음을 전하러 여러 마을을 다닐 때 열두 제자도 따라다녔지만 악령이나 질병으로 시달리다가 나은 여자들도 따라다녔다. 그들 중에는 일곱 마귀가 나간 막달라 여자라고 하는 마리아가 있었다(루가복음 8:1∼3).

막달라 마리아는 신약 성서 속에서 죄인 중 가장 으뜸가는 회개의 본보기로 되어 있다. 예수가 막달라 지방에 갔을 때 막달라 마리아로 짐작되는 여자가 눈물로 그의 발을 씻고, 머리카락으로 발을 닦고 나서 발에 입 맞추고 향유를 발라 준다. 예수는 "이 여자는 이토록 극진한 사랑을 보였으니 그만큼 많은 죄를 용서받았다."고 말한다(루가복음 7 : 37~47).

막달라 마리아의 과거에 대해 알려진 것이 별로 없기 때문에 추측이 추측을 낳았다. 일단 이름 없는 떠돌이 창녀였을 가능성이 매우 높다. 막달라 지방의 부유한 지주의 과부였는데, 재산을 유흥으로 탕진해 버리고 매춘으로 호구지책을 삼았다는 이야기도 전해진다.

어쨌거나 막달라 마리아가 매춘부라는 사실은 매우 중요한 의미를 지닌다. 기독교의 전통에서 그녀는 예수의 생모인 마리아 다음으로 중요시되는 여성이기 때문이다.

안식일 다음 날 동틀 무렵에 예수의 무덤으로 가서 그의 묘가 비어 있는 것을 최초로 발견한 사람이 막달라 마리아이며, 또 그녀는 부활한 예수를 처음 목격한 사람이기도 하다(마태오복음 28 : 1~10, 마르코복음 16 : 1~11, 루가복음 24 : 1~12). 이와 같이 막달라 마리아가 영향력이 큰 여성이었으므로 복음서의 저자들이 매춘부의 묘사에 신경을 써서 남자에게 착취당하는 가련한 여자들로 묘사했을는지 모른다.

『성서』에서 매춘부를 부도덕한 사람으로 비난한 인물은 바울이다. 그는 고린토인들에게 보낸 첫째 편지에서 "여러분의 몸이 그리스도의 지체라는 것을 알지 못합니까. 그런데 그리스도의 몸의 한 부분을 떼어서 창녀의 몸의 지체로 만들어서야 되겠습니까. 절대

매춘부인 막달라 마리아는 예수를 따라다닌다. 티치아노의 〈놀리메 탄제레(나를 만지지 마라)〉

로 그럴 수 없습니다."(고린토전서 6:15)라고 말한다.

성서 전문가들의 일반적인 견해에 따르면, 『성경』이 창녀에 대한 적의를 공공연히 표출하면서 매춘을 필요악으로 수용한 까닭은 남성의 성적 방종에 대해서는 관대하면서 여성의 성적 욕구에 대해서는 혐오감을 나타내는 이중 규범이 서양 문화 속에 단단히 뿌리박혀 있었기 때문이다.

교회는 매춘 행위를 막을 만한 위치에 있지도 못했고 그렇게 하기를 원하지도 않았다. 교회의 금욕주의적인 이론은 바울에서 시작되어 아우구스티누스(354~430)로 계승되고 토마스 아퀴나스에 이르러 절정을 이루는데, 이들은 매춘을 용인했다.

교부(教父)철학을 완성한 아우구스티누스는 인간이 하는 일체의 성교 행위는 멸망으로 가는 짓이라고 주장했으나 매춘에 대해서는 비록 추잡하고 음탕한 행동이지만 "매춘부를 인간의 행위로부터 제거해 버린다면 사람들은 모든 것을 색정으로 더럽힐 것이다."고 말했다. 역시 철학자인 아퀴나스도 매춘 행위를 '바다의 오물이나 궁정의 하수구' 에 비유하면서 "만일 하수구를 없애 버린다면 궁정은 오물로 가득 찰 것이다. 마찬가지로 세상에서 매춘부를 없앤다면 세상은 남색으로 가득 찰 것이다."고 말했다.

이와 같이 교회는 매춘을 남자들의 성욕을 배설하는 방편으로 받아들인 것이다. 기독교를 남성 중심적인 종교로 보는 것도 그 때문이다.

Tip 매춘은 「길가메시 서사시 Epic of Gilgamesh」에 마술사나 무당에 이어 두 번째로 오래된 직업으로 기록되어 있다. 기원전 2천 년경 바빌로니아인들이 만든 「길가메시 서사시」는 인류 역사에서 문자로 쓰여진 시로서는 가장 오래된 것으로 평가된다.

길가메시는 3분의 2는 신이고 3분의 1은 사람이다. 길가메시는 우루크 왕국을 폭정으로 다스렸다. 처녀가 다른 남자에게 넘어가는 꼴을 보지 못했으며, 무사의 딸과 귀족의 아내도 그를 거쳐야 했다. 고통에 신음하던 백성들은 신들에게 길가메시에 맞설 힘을 가진 영웅을 보내 달라고 간청했다. 이들의 기도를 들은 신들은 진흙을 침으로 이겨 만든 엔키두를 내려 보냈다.

엔키두는 온몸에 털이 덥수룩하고 여자처럼 긴 머리를 가진 반인반수의 사나이였다. 신들로부터 엄청난 힘을 부여받은 엔키두는 숲 속 동물의 수호자가 되었다. 길가메시는 육체적 쾌락을 모르는 엔키두를 함정에 빠뜨리기 위해 신전에 있는 아리따운 창기를 선별하여 그녀에게 숲 속의 샘물가에서 목욕을 하는 척 하다가 엔키두가 물을 마시러 오면 유혹하라고 시켰다. 일종의 미인계를 쓴 셈이다. 그 여자가 엔키두를 유혹하는 장면은 다음과 같이 묘사되어 있다.

길가메시는 반인반신의 영웅이다. 기원전 721~705년 아시리아 왕궁에 새겨진 상이다.

"그녀가 속치마를 벗고 두 다리를 벌리자 그는 여자의 매력을 보았다. 그녀는 서슴지 않고 그의 정열을 받아들였다. 그녀가 옷을 벗자, 그는 여자 위에 엎드렸다. 그녀는 거칠고 촌스러운 사나이에게 여자의 솜씨를 자랑했다. 그의 격정은 그녀를 사로잡았다."

창기에게 마음을 빼앗긴 엔키두는 여섯 날과 일곱 밤 동안 그녀와 깊은 사랑을 나눈다. 이레가 지나서야 엔키두는 성교의 황홀경에서 깨어나게 되지만 모든 것이 달라져 버렸다. 우선 숲 속의 동물들은 엔키두를 보고 두려움에 떨며 도망쳤다. 창기는 엔키두의 가죽옷을 벗기고, 털을 깎고, 기름을 바른 뒤에 길가메시 앞에 세웠다.

반인반신인 길가메시와 반인반수인 엔키두는 자웅을 겨루었으나 도저히 상대를 꺾을 수 없다는 것을 깨닫고 도리어 절친한 친구 사이가 되었다. 두 사람은 일생에 걸친 영원한 우정을 맹세했으며 함께 모험에 나선다.

바빌로니아 시대에는 창녀라는 직업을 치욕으로 생각하지 않았다. 기원전 1700년경 함무라비 왕조 시대의 수도원에서 창녀들은 신과 숭배자 사이의 영매 역할을 맡을 정도였다.

혈통을 잇기 위한 근친상간

6

『성서』에는 혈족 간의 성관계를 금지하는 조항이 있다.
야훼는 "아무도 같은 핏줄을 타고난 사람을 가까이하여 부끄러운
곳을 벗기면 안 된다."(레위기 18:6)는 은유적 표현으로 근친상간을
금지했다. 성행위가 금지된 대상으로는 어머니와 아버지는 물론이
고 누이 손녀 고모 이모 숙모 며느리, 형제의 아내와 처제, 심지어
아비의 동거녀까지 열거했다(레위기 18:7~18).

근친상간을 금지하는 율법을 어길 경우 저주를 받는다. 모세는
온 백성이 큰 소리로 "아비의 이불자락을 들추고 아비의 아내와 자
는 자", "아비의 딸이든 어미의 딸이든 제 누이와 자는 자", "장모
와 자는 자"에게 저주를 빌 것을 명령한다(신명기 27:20~23).

그럼에도 예루살렘 주민 사이에서 근친상간은 드문 일이 아니었다. 야훼는 "너희 가운데는 자기 아비가 데리고 사는 여인을 건드리는 자가 있는가 하면 (중략) 며느리와 놀아나는 자도 있고 같은 아비에게서 난 누이를 범하는 자도 있다."(에제키엘 22:10~11)고 말한다.

아버지와 두 딸

『성서』에 가장 먼저 등장하는 근친상간은 「창세기」 19장에 소개된 롯과 두 딸의 성관계이다. 하느님의 천사 두 사람이 소돔을 멸하러 왔을 때 우연히 롯의 집에 머물게 된다. 그들이 잠자리에 들기 전 소돔 시민이 온통 몰려와 롯의 집을 둘러싸고 "오늘 밤 네 집에 든 자들이 어디 있느냐? 그 자들하고 재미를 좀 보게 끌어내라."고 소리친다. 롯은 천사 대신 두 딸을 제공하려 한다. 천사들은 롯의 도움에 보답하는 뜻에서 소돔 성을 멸하기 전에 롯의 식구가 성을 빠져나가도록 한다. 그들은 롯의 가족에게 "살려거든 어서 달아나거라. 뒤를 돌아다보아서는 안 된다."고 재촉한다. 롯이 작은 도시인 소알 땅에 이르렀을 때 해가 솟았다. 야훼는 손수 하늘에서 유황불을 소돔에 퍼부어 도시와 사람과 땅에 돋아난 푸성귀까지 모조리 태워 버린다. 그런데 롯의 아내는 뒤를 돌아다보다가 그만 소금 기둥이 되어 버린다(창세기 19:1~26).

롯은 소알에서 사는 것이 두려워 두 딸을 데리고 산의 굴 속으로 들어간다. 하루는 언니가 아우에게 "아버지는 늙어 가고 이 땅에는

롯의 두 딸은 아버지를 술에 취하도록 한다. 구에르치노의 〈롯과 두 딸〉

우리가 세상의 풍속대로 시집갈 남자가 없구나. 그러니 아버지께
술을 취하도록 대접한 뒤에 우리가 아버지 자리에 들어 아버지의
씨라도 받도록 하자."고 말한다. 그날 밤 아버지에게 술을 대접하
고 언니가 아버지와 성교한다. 그 이튿날 언니가 아우에게 "오늘은
네 차례이다. 같이 아버지 씨를 받자."고 말한다. 이리하여 롯의 두
딸은 아버지의 아이를 갖게 된다(창세기 19 : 30~36).

히브리 가정에서 첩은 아내와 대등한 신분이 주어지지는 않았지만 가족의 일부로 간주되었다. 아버지의 첩과 성관계를 갖는 것은 『성서』에서 근친상간에 해당된다.

야곱에게는 빌하라는 소실이 있었는데 야곱의 맏아들인 르우벤이 그녀를 범한다(창세기 35:22). 야곱은 훗날 유언을 남기는 자리에서 르우벤에게 "끝내 맏아들 구실을 하지 못하리라. 제 아비의 침상에 기어들어 그 소실마저 범한 녀석!"이라고 꾸짖는다(창세기 49:3~4).

아버지와 아들의 전쟁

근친상간은 정치적으로 이용되기도 했다.「사무엘 하」13~18장에는 근친 사이의 강간 사건이 빌미가 되어 암살, 반란, 근친상간 등 일련의 사태가 전개되는 이야기가 소개된다.

다윗의 맏아들인 암논은 이복 누이동생인 다말을 강간한다. 다말의 오빠인 압살롬은 암논을 암살하고 도망친다(사무엘 하 13). 다윗은 3년이 지나서야 압살롬에게 품었던 노기가 풀린다. 다윗 왕이 압살롬을 그리워하는 것을 눈치 챈 신하가 그를 예루살렘으로 부르자는 건의를 한다. 압살롬은 예루살렘으로 돌아왔으나 자기 궁으로 물러가 살면서 어전에는 얼씬도 하지 못한다. 결국 2년이 지난 뒤에 부자 상봉이 이루어진다. 압살롬이 어전에 들어가 얼굴을 땅에 대고 부왕 앞에 엎드리자 다윗 왕은 압살롬에게 입을 맞춘다(사무엘 하 14).

그 뒤 압살롬은 자신이 탈 병거(兵車)와 말을 갖추고 호위병 50명을 거느린다. 왕만이 거느릴 수 있는 수행 규모이다. 압살롬은 다윗 왕을 왕위에서 축출하기 위한 음모를 꾸민 것이다. 압살롬은 이스라엘의 모든 족속에 첩자를 보내 나팔 소리를 신호로 "압살롬이 헤브론에서 왕이 되었다."고 외치도록 한다. 압살롬을 따르는 무리의 수가 불어나면서 반란 세력이 커져 간다. 이스라엘의 민심이 압살롬에게 기울었다는 소식을 듣고 다윗은 왕궁을 지킬 후궁 10명만 남겨 두고는 온 왕실을 거느리고 걸어서 피난길에 오른다(사무엘하 15).

예루살렘에 입성한 압살롬이 왕위에 올라 앞으로 무슨 일을 해야 할지 의견을 묻자 한 신하가 "부왕이 궁궐을 지키라고 남겨 두고 간 후궁들과 관계하십시오. 임금님께서 친아버지마저 욕을 보였다는 소식이 온 이스라엘에 퍼지면 임금님을 받드는 사람들은 의기충천할 것입니다."고 아뢴다. 압살롬은 궁궐의 옥상에 천막을 쳐 신방을 마련한 다음 온 이스라엘이 보는 앞에서 부왕의 후궁 10명과 차례로 성교를 한다(사무엘하 16).

압살롬의 행위는 근친상간에 해당되지만 쿠데타의 성공을 알리는 정치적 행동에 가깝다고 볼 수 있다. 그러나 다윗의 입장에서는 유부녀인 밧세바와 불륜을 저지르고 그의 남편인 우리야를 싸움터에서 죽게 만든 죄를 벌하기 위해 야훼가 예언자 나단을 보내 선언했던 운명이 실현된 셈이다. 나단은 다윗에게 야훼의 말을 전한다.

"바로 네 당대에 재난을 일으킬 터이니 두고 보아라. 네가 보는

다윗은 압살롬이 죽었다는 소식을 듣고 목 놓아 울었다.
구스타프 도레의 〈압살롬의 죽음을 슬퍼하는 다윗〉

앞에서 네 계집들을 끌어다가 딴 사내의 품에 안겨 주리라. 밝은 대낮에 네 계집들은 욕을 당하리라. 너는 그 일을 쥐도 새도 모르게 했지만 나는 이 일을 대낮에 온 이스라엘이 지켜보는 앞에서 이루리라."(사무엘 하 12:11~12)

다윗은 군대를 모아 압살롬과 전쟁을 벌인다. 이스라엘 군은 다윗의 부하들에게 패하여 그날로 2만 명이 전사한다. 압살롬은 노새를 타고 울창한 상수리나무 밑으로 빠져나가다가 머리가 나뭇가지에 걸리고 만다. 다윗의 장군이 창 3개를 던져 나무에 매달린 압살롬의 심장을 찌른다. 그러자 병사 10명이 달려들어 그를 쳐 죽인다(사무엘 하 18).

예루살렘 왕궁으로 돌아온 다윗은 후궁 10명을 한데 몰아 가두고 다시는 찾지 않았다. 그리하여 그들은 죽을 때까지 갇힌 몸이 되어 생과부로 지낸다(사무엘 하 20:3).

오난의 저항

『성서』의 율법 중에는 형제의 아내와 상간(相姦)을 허용하는 특별한 경우가 한 가지 있다. 수혼(嫂婚)이라 불리는 유대의 특이한 풍습에서는 과부가 된 형수와의 성교를 의무화하고 있다. 여러 형제가 함께 살다가 형이 아들 없이 죽으면 동생이 형수를 아내로 맞아 같이 산다. 그래서 난 첫아들은 죽은 형의 이름을 이어받는다(신명기 25:5~10).

수혼의 대표적인 사례는 「창세기」에 나오는 오난의 이야기이다.

유다는 맏아들 에르에게 아내를 얻어 주었는데 그의 이름은 다말이다. 에르는 야훼의 눈 밖에 나서 죽는다. 유다는 에르의 동생인 오난에게 이르기를 형수에게 장가들어 시동생으로서 할 일을 하여 형의 후손을 남기라고 한다. 그러나 그 씨가 자기 것이 되지 않을 줄 알고 오난은 형수와 한자리에 들었을 때 정액을 바닥에 흘려 형에게 후손을 남겨 주지 않으려 한다. 그가 한 짓은 야훼의 눈에 거슬리는 일이었으므로 야훼가 그를 죽인다(창세기 38:6~10).

수혼 제도에 도전한 오난의 행위는 피임 기술의 일종인 질외 사정으로 보는 견해가 없지 않지만, 그의 이름에서 비롯된 오나니즘 (onanism)은 수음(手淫)을 뜻한다.

다말은 훗날 매춘부로 변장하고 길섶에서 유다를 유혹하여 아이를 갖는다. 며느리와 시아버지의 상간으로 혈통이 이어지게 된 것이다(창세기 38:12~26).

처녀의
무염 수태

7

처녀는 성교를 한 번도 하지 않은 여자이다. 혼자 수음을 하거나 애인과 격렬한 애무를 하여 오르가슴을 맛본 적이 있는 여자일지라도 질에 페니스를 삽입시킨 적이 없으면 처녀에 해당된다. 남자에게는 동정을 입증할 만한 신체적 증거가 없지만 여자는 처녀막의 파열 여부로 순결을 확인할 수 있다.

처녀로 죽는 불행

여자의 순결을 유달리 강조한 기독교에서는 처녀막을 중시했다. 구약 성서의 「신명기」22장을 보면 신부의 부모가 딸이 첫날밤을 치를 때 처녀막의 파열로 인해 피가 묻은 속옷을 처녀성의 증거로 보관할 만큼 처녀막을 소중하게 여겼다. 남편이 아내와 잠자리를 하고 나서 아내가 싫어져 처녀가 아니라고 누명을 씌워 고발했을 경우 여자의 부모는 성문 앞으로 나가 성읍의 장로들에게 딸이 처녀였다는 증거를 제시해야 한다. 신부의 아버지는 딸이 처녀였다는 증거로 딸의 자리옷을 장로들 앞에 펴 보인다. 그러면 장로들은 남자를 구타하고 아내에게 누명을 씌운 대가로 벌금을 그녀의 아버지에게 물어 주게 한다. 그는 그 여자를 평생 데리고 살아야 한다. 그러나 그 고발이 사실로 확인되면 신부는 친정집 문 앞으로 끌려가 동네 사람들의 돌에 맞아 죽게 된다(신명기 22:13~21).

성직자들이 잔 다르크의 처녀성을 확인하고 있다. 볼테르의 『오를레앙의 처녀』에 나오는 삽화 〈박식한 친구들〉

입다가 개선 장군이 되어 돌아오자 그의 외동딸이 춤을 추며 집에서 나와 맞았다.
구스타프 도레의 〈아버지를 맞으러 나오는 입다의 딸〉

여자에게 있어 결혼하여 자식을 낳아 보지 못하고 처녀로 죽는
것은 불행한 일이다. 입다의 딸이 좋은 예이다. 입다는 길르앗이라
는 사람이 창녀의 몸에서 얻은 아들이다. 길르앗 본처의 아들들이
입다를 쫓아낸다. 그는 지방으로 도망가서 건달패들을 모아 비적
떼의 두목이 된다. 얼마 뒤에 암몬 사람들이 이스라엘에 쳐들어온
다. 원로들은 입다에게 이스라엘의 수령이자 사령관으로 모실 것

을 약속하며 암몬 군을 무찔러 달라고 간청한다. 입다는 야훼에게 "만일 하느님께서 저 암몬 군을 제 손에 붙여 주신다면 암몬 군을 처부수고 돌아올 때 저의 집 문 앞에서 저를 맞으러 처음 나오는 사람을 야훼께 번제(燔祭)로 바쳐 올리겠습니다."라고 약속한다. 번제는 하느님께 올리는 제사로 짐승을 통째로 구워 제물로 바치는 것을 의미한다. 야훼가 암몬 군을 입다의 손에 붙여 주어 이스라엘 군이 승리한다. 입다가 개선 장군이 되어 집으로 돌아오는데, 집에서 나와 맨 처음 그를 맞은 사람은 외동딸이었다. 입다는 "네가 내 가슴에 칼을 꽂는구나. 내가 입을 열어 야훼께 한 말이 있는데 이를 어쩐단 말이냐!"고 외친다. 딸은 한 가지만 허락해 달라고 하며 아버지에게 청을 드린다. "두 달만 말미를 주십시오. 벗들과 산으로 들어가 돌아다니며 처녀로 죽을 몸, 실컷 울어 한이나 풀고 오겠습니다." 입다는 두 달 뒤 딸이 돌아오자 야훼에게 약속한 대로 했다. 이로부터 이스라엘에는 한 가지 관습이 생겼다. 이스라엘 처녀들은 해마다 입다의 딸을 생각하며 집을 떠나 나흘 동안을 애곡하게 된 것이다(판관기 11).

처녀가 아들을 낳다

예수의 어머니 마리아는 요셉과 약혼을 하고 같이 살기 전에 잉태한 것이 드러난다(마태오복음 1:18). 요셉은 법대로 사는 사람이고 또 마리아의 일을 세상에 드러낼 생각도 없었으므로 남모르게 파혼하기로 마음먹는다. 이 무렵에 하느님의 천사가 꿈에 나타나서 "다윗

처녀인 마리아가 아들을 낳았다.
얀 호싸르트의 〈마리아와 아기 예수〉

의 자손 요셉아, 두려워하지 말고 마리아를 아내로 맞아들여라. 그의 태중에 있는 아기는 성령으로 말미암은 것이다. 마리아가 아들을 낳을 터이니 그 이름을 예수라 하여라. 예수는 자기 백성을 죄에서 구원할 것이다."고 일러 준다(마태오복음 1 : 19~21).

　예수의 탄생은 마리아에게도 미리 예고되었다. 하느님의 천사 가브리엘이 마리아의 집으로 들어와서 "두려워하지 말라. 너는 하느님의 은총을 받았다. 이제 아기를 가져 아들을 낳을 터이니 이름을 예수라 하여라."고 일러 준다. 마리아는 "이 몸은 처녀입니다. 어떻게 그런 일이 있을 수 있겠습니까." 하고 묻는데 천사는 "성령이 너에게 내려오시고 지극히 높으신 분의 힘이 감싸 주실 것이다."고 대답한다(루가복음 1 : 26~35).

예수의 처녀 탄생이 강조된 것은 복음서를 쓴 사람들이 예수의 명예를 드높이기 위해 신화적 상징을 즐겨 사용하던 당대의 문학 전통을 따랐기 때문인 것으로 보인다. 『성경』에는 예수처럼 믿어지지 않는 상황에서 태어난 사람들이 여러 차례 소개된다. 아브라함은 나이 백 살이 되던 해에 아흔 살이나 된 아내 사라와의 사이에서 아들을 얻는다(창세기 17 : 19).

야훼의 천사가 아기를 낳지 못하는 돌계집에게 나타나 아들을 낳을 것이라고 말했는데 삼손이 태어난다(판관기 13 : 3). 자식이 없던 한나는 기도를 통하여 아들을 낳게 되어 "야훼께 빌어서 얻은 아기"라고 하여 이름을 사무엘이라 짓는다(사무엘 상 1 : 20). 세례자 요한은 아이가 없던 늙은 부부가 천사 가브리엘의 방문을 받고 낳은 아들이다(루가복음 1 : 13).

루르드의 기적

12세기 초까지 마리아는 기독교의 성자 가운데 한 사람일 따름이었다. 그러나 유럽에서 명문가의 귀부인과 용감한 기사 사이에 궁정식 사랑(courtly love)이 유행처럼 번진 시기와 비슷한 무렵에 마리아를 예수 못지않게 숭배하는 풍조가 싹트기 시작한다. 유럽 전역에 걸쳐 수도사들은 동정녀 마리아의 순결을 상징하는 흰 옷을 입고 그녀에게 헌신했으며 교회에서는 마리아를 위해 특별히 예배 시간을 따로 마련했다. 14, 15세기에 마리아는 지구상의 가난하고 저주받은 자들에게 따뜻하고 인정 많은 어머니가 되어 있었다.

성모 마리아가 대중 속에 파고들게 된 것은 이처럼 수도회의 노력 덕분이었지만 마리아의 영광을 위해 예술 작품과 건축물을 만들도록 주선했던 귀족, 상인, 시민들에게 힘입은 바도 크다.

그녀는 예수의 어머니로서보다 모든 사람이 간직하기를 바라는 다정하고 아름다운 어머니 상으로 받아들여졌다. 성모 마리아의 순결은 1854년 로마 교황청이 공포한 무염 수태(無染受胎 · Immaculate Conception) 교리에 의해 확고하게 뒷받침되었다. 기독교에서는 모든 인간이 원죄를 갖고 태어난다고 믿는다. 그러나 예수는 이러한 원죄에 오염되지 않은 순결한 처녀에 의해 수태되었다는 것이 무염 수태이다.

무염 수태 교리는 1858년 2월 11일부터 7월 16일까지 열여덟 번에 걸쳐 성모 마리아가 루르드에 발현한 사건을 계기로 더욱 공고해졌다. 루르드는 프랑스 남서부 피레네 산맥에 위치한 작은 마을이다. 마리아는 루르드의 한 동굴에 나타나서 벨라뎃다 수비루라는 열네 살 소녀에게 "사제들에게 전해 이곳에 사람들이 떼를 지어 몰려오게 하고, 이곳에 성당을 짓게 하여라."고 말했다. 마리아는 또한 자신이 "원죄 없는 잉태(무염 수태)를 했다."고 밝혔다. 특히 아홉 번째의 발현에서 마리아는 천식을 앓고 있던 벨라뎃다에게 동굴 안의 샘물로 몸을 씻도록 일러 주었는데 기적처럼 병이 나았다. 훗날 이 동굴 위에는 성모 대성전이 건립되었으며, 해마다 500만여 명의 순례자들이 방문하는 명소가 되었다. 샘물로 기적처럼 병이 낫기를 바라는 환자들이 섞여 있음은 물론이다.

성모 마리아의 무염 수태처럼 유성 생식을 하는 암컷이 수컷과 수정을 하지 않고 생식하는 것을 처녀 생식(parthenogenesis)이라 한다. 처녀 생식은 수정되지 않은 난자가 발생하여 성체로 성장하는 현상이다. 처녀가 아비 없는 자식을 낳는 것이다.

처녀 생식은 자연의 변덕이지만 꽤 많은 동식물에서 볼 수 있다. 식물의 경우 벼, 채송화, 나팔꽃 등은 자성 생식 세포가 수정 전에 분열하여 한몫의 완전한 식물로 자란다. 꿀벌이나 진딧물과 같은 곤충과 채찍꼬리도마뱀은 무성으로 증식하며, 칠면조도 자주 처녀 생식을 한다. 진딧물은 처녀 한 마리가 한 해 동안에 아비 없는 자식을 수억 마리까지 세상에 내놓을 수 있다.

사람의 경우 임신 160만 번 중 한 번의 비율로 처녀 생식이 발생한다는 주장도 있다. 한 사례로 1944년 전쟁으로 파괴된 독일의 하노버에서 있었던 일이다. 연합군이 그 도시를 폭격하던 날, 한 젊은 독일 여자가 허탈상태에 빠져 있었다. 9개월 후 그 여인은 딸을 낳았는데 그 아기는 혈액 검사와 지문 대조 결과를 포함해서 어머니를 쌍둥이처럼 닮았다. 어머니가 된 그 여자는 맹세코 성교한 기억이 없다고 주장했다. 폭격의 충격으로 야기된 어떤 신체적 반응으로 난자가 활성화되어 성장했을 것으로 짐작된다.

처녀 생식으로 생긴 개체는 어버이와 유전적으로 동일하다. 유전적으로 완벽하게 동일한 제2의 개체를 클론(clone)이라 한다. 오늘날 생명공학의 발달로 체세포를 사용하여 동물을 복제할 수 있게 되었다.

성모 마리아처럼 처녀가 아비 없는 자식을 낳는 일쯤이야 대수롭지 않게 여기는 세상이 다가오고 있는 것이다.

공작 수컷은 왜 긴 꼬리를 달고 있을까

1

동물의 암컷과 수컷은 같은 종이라도 신체적 특징이 서로 다르다. 이러한 성적 이형(dimorphism)은 찰스 다윈(1809~1882)에 의하여 1차 성징과 2차 성징으로 구분되었다.

다윈은 수컷의 고환이나 암컷의 난소와 같이 생식에 직접적으로 필요한 것은 1차 성징이라 부르고 이러한 암수의 차이는 자연선택에 의하여 진화된 것으로 설명했다. 그러나 사춘기에 출현하는 남자의 수염처럼 한쪽 성에만 나타나는 2차 성징은 생식을 위해 필요한 것이 아니기 때문에 자연선택과는 거리가 멀다. 이 딜레마를 해결하기 위해 다윈은 성적 선택(sexual selection)을 제안했다. 2차 성징은 생존 경쟁보다는 성적 선택의 과정에서 진화된 형질이라는 뜻이다.

성적 선택의 상징

1871년 다윈이 펴낸 저서에 따르면, 성적 선택은 두 가지 방식으로 진행된다. 첫 번째 성적 선택은 암컷을 서로 차지하려는 수컷들 사이의 경쟁을 통해 일어난다. 사슴의 뿔이나 사자의 갈기는 이러한 과정에서 출현한 형질이다. 사슴의 뿔은 암컷을 얻기 위한 싸움에서 무기로 사용된다. 사자의 갈기는 다른 수컷과 다투는 동안 목을 보호하는 역할을 한다.

성적 선택의 두 번째 형태는 수컷이 암컷의 관심을 끌어서 짝짓기의 상대로 선택되는 방식이다. 이러한 선택의 대표적인 보기는 공작의 수컷이 지닌 화려하고 긴 꼬리이다. 암공작은 부챗살처럼 펼쳐진 현란한 깃털에 매혹되어 그 수컷과 짝짓기를 한다. 요컨대 공작의 수컷이 생존에 별로 쓸모가 없는 우스꽝스러운 꼬리를 달고 있는 것은 순전히 암컷의 탓이다.

다윈에 의해 수컷 공작이 암컷에게 구애할 때 꼬리를 이용하는 사실이 관찰됨에 따라 공작의 장식용 꼬리는 성적 선택의 상징이

공작 수컷의 긴 꼬리는
짝짓기를 위해 진화되었다.

되기에 이르렀다. 그러나 다윈은 암공작이 긴 꼬리를 좋아하는 이유를 밝혀내지 못했다. 더욱이 장식용 꼬리는 생존의 측면에서 수컷에게 상당한 부담이 된다. 화려한 빛깔은 포식자의 눈에 띄기 쉽고 긴 꼬리는 도망갈 때 장애가 되기 때문이다. 따라서 암공작이 수컷의 화려한 몸치장을 선호하는 이유를 놓고 두 개의 이론이 맞서 있다. 하나는 피셔(Fisher) 또는 잘생긴 아들(sexy-son) 이론이고 다른 하나는 좋은 유전자(good-gene) 또는 건강한 자손(healthy-offspring) 이론이라 불린다.

잘생긴 아들을 낳기 위하여

1930년 영국의 로널드 피셔(1890~1962)는 수공작의 요란한 꼬리가 진화된 이유를 순환논리의 표현으로 교묘하게 설명했다. 암컷이 긴 꼬리를 지닌 수컷을 좋아하는 까닭은 다른 암컷들도 그러한 꼬리를 좋아하기 때문이라는 것이다.

한때 대부분의 암컷들은 꼬리의 길이를 선택 기준으로 삼아 긴 꼬리의 수컷들하고만 짝짓기를 했다. 일종의 유행이었다. 이러한 유행이 못마땅한 일부 암컷들은 일부러 꼬리가 짧은 수컷을 골라서 교미를 했는데, 꼬리가 짧은 아들을 낳게 되었다. 이 아들 새는 어미 새가 유행을 거역한 대가를 톡톡히 치렀다. 대부분의 암컷들이 긴 꼬리의 수컷을 찾았으므로 짧은 꼬리의 아들 새는 짝을 구할 수 없었기 때문이다. 따라서 자신의 새끼를 독신으로 남기고 싶지 않는 한, 암공작은 꼬리가 긴 수컷을 선호하는 풍조로부터 감히 벗어날 엄두를 내지 못했다.

　한편 수컷들은 꼬리가 길수록 짝짓기에 유리했기 때문에 더 긴 꼬리를 가지려고 노력했다. 결과적으로 꼬리가 긴 잘생긴 아들을 낳으려는 암공작의 욕망과 성적 매력이 있는 꼬리를 가지려는 수공작의 노력이 성적 선택 과정에서 상승 작용을 일으켰다. 수컷의 깃털 발달과 그러한 발달을 향한 암컷의 성적 선호가 동시에 진행되면서 바로되먹임(positive feedback) 작용을 하게 된 것이다.

　마이크를 확성기에 가깝게 두면 확성기에서 나온 소리가 마이크를 통해 되먹임되어서 소음이 나는 것처럼 증폭 기능을 보여 주는 것을 바로되먹임이라 한다. 바로되먹임에 의해 작은 소리가 반복적으로 증폭되기 때문에 시간이 흐를수록 소리가 커지게 되는 것이다. 요컨대 처음에는 장식용 꼬리를 가진 수컷에 대한 암컷의 선호가 우연히 시작된 사소한 유행에 불과했지만 이 유행은 바로되먹임에 의헤 수컷의 깃털이 발달하는 속도를 고삐 풀린 말이 폭주하듯이 끊임없이 증가시켰다. 말하자면 수공작의 장식꼬리는 폭주적 진화(runaway evolution)의 산물인 것이다.

자하비의 장애 이론

피셔의 폭주적 진화론은 다윈의 성적 선택 이론을 보강했으나 1970년대까지 40여 년간 많은 생물학자들로부터 외면당했다. 생물의 형질이 환경에 대한 적응의 결과로 유전된 것이 아니라 유행에 의해 진화되었다는 논리에 수긍이 가지 않았기 때문이다. 그 대신에 많은 학자들은 좋은 유전자 이론을 지지했다.

이 이론에 따르면, 암공작은 자식들이 짝짓기를 잘하는 것보다는 생존을 잘하도록 하기 위해 길고 화려한 장식꼬리의 공작을 선택한다. 수컷의 장식이 개체의 건강, 체력, 또는 적응력을 가늠하는 잣대 역할을 하기 때문이다. 따라서 암공작은 빛깔이 좋은 깃털의 수컷은 건강하므로 그 수컷과 짝짓기를 한다.

그러나 좋은 유전자 이론에는 자기 모순적인 약점이 있었다. 공작의 기다란 꼬리는 생존 가능성을 높여 주는 좋은 형질이라고 볼 수 없기 때문이다. 결국 깃털은 수컷의 생존에 장애가 된다. 이러한 모순을 재치 있게 해결한 사람이 이스라엘의 아모츠 자하비 (1928~) 교수이다. 1975년 자하비는 장애 이론(handicap theory)을 제안했다.

장애(핸디캡) 이론에 따르면, 수공작의 꼬리가 수컷에게 장애가 되면 될수록 수컷이 암컷에게 보내는 신호는 그만큼 더 정직하다. 왜냐하면 긴 꼬리의 수컷이 장애가 있었음에도 불구하고 살아 있다는 바로 그 사실은 암컷에게 그 수컷이 난관을 극복할 능력이 있음을 확인시켜 주는 증거이기 때문이다. 수컷은 핸디캡으로 인한 대가를 치르면 치를수록 암컷에게 자신의 유전적 자질이 우수하다는 사실을 더 잘 알릴 수 있는 것이다. 다시 말해서 남보다 더 길고 화려한 깃털을 가진 수컷일수록 더 좋은 유전자를 갖게 마련이다.

따라서 수공작의 꼬리는 장애가 되지 않을 때보다 장애가 될 때 더 빨리 진화하게 된다. 신체적 장애가 결국 좋은 유전자를 갖고 있음을 정직하게 드러내는 반증이 될 수 있다는 자하비의 기발한 논리는 '정직이 최선의 전략'이라는 격언과 일맥상통하는 점이 없지 않다.

제비 꼬리의 대칭성

공작이 장식꼬리를 선호하는 이유는 잘생긴 아들 때문인가, 아니면 건강한 자식 때문인가. 공작의 깃털이 진화된 이유를 놓고 피셔 이론과 좋은 유전자 이론의 지지자들은 티격태격했다. 그런데 두 이론 사이의 해묵은 논쟁을 화해시킬 수 있는 단초가 우연히 발견되었다. 그것은 대칭성(symmetry)이다.

1992년 덴마크의 안데르스 묄러는 대칭성을 성적 선택 연구의 주제로 제시한 논문을 발표했다. 그는 암컷 제비가 짝짓기 상대를 고를 때 꼬리의 크기와 모양을 선정 기준으로 삼고 있음을 밝혀냈다. 그러니까 수컷의 꼬리가 길수록 더 선호했을 뿐 아니라 놀랍게도 꼬리가 좌우 대칭일수록 더 좋아했다. 대칭적인 꼬리를 가진 수컷은 비대칭적인 꼬리를 가진 경쟁자들보다 신속하게 짝짓기를 하고 새끼를 더 많이 낳았다.

동물의 신체는 자랄 때 좋은 조건에 있었으면 좀 더 대칭적이고 나쁜 조건이었다면 좀 더 비대칭적이라는 것은 잘 알려진 사실이다. 예컨대 영양 부족, 질병, 또는 유전적 결함 따위의 문제가 생기면 완벽한 대칭성을 가진 신체가 발달될 수 없다. 대칭성은 동물이 얼마나 제대로 발육했는가를 보여 주는 거울인 셈이다. 그러므로 새의 날개나 꼬리와 같은 신체 부위는 알맞은 크기로 발달했을 때 가장 대칭적이다.

이러한 맥락에서 대칭성을 깃털 진화의 이론에 결부시켜 보면 흥미로운 가정을 할 수 있다. 만일 좋은 유전자 이론이 옳다면, 장식꼬리는 가장 클 때 반드시 가장 대칭적이어야 된다. 왜냐하면 가장 큰 장식꼬리는 가장 좋은 유전자의 산물이기 때문이다. 그러나 만일 피셔 이론이 옳다면, 장식꼬리의 크기와 대칭성 사이에는 상관 관계가 특별히 있을 수 없다. 구태여 관계가 있다면 가장 큰 장식꼬리일수록 가장 대칭적이지 않을 수밖에 없다. 왜냐하면 알맞은 크기일수록 가장 대칭적이기 때문이다.

묄러는 이러한 전제하에 제비의 꼬리를 연구했는데, 아주 놀라운 결과가 나왔다. 수제비의 꼬리는 길면 길수록 대칭적이었다. 전혀 기대하지 못한 상관 관계였다. 왜냐하면 날개처럼 꼬리 또한 그 크기가 정상에서 벗어날수록 그만큼 비대칭적으로 되는 것이 일반적인 법칙이기 때문이다. 제비의 날개는 예외적으로 크거나 또는 작을 때 평균적인 크기일 때보다 훨씬 비대칭적이게 마련이다.

묄러는 길면서 동시에 대칭적인 꼬리를 가진 수제비가 짝짓기에서 가장 성공적이었다는 사실은 좋은 유전자 이론을 지지하는 확실한 증거라고 생각했다. 피셔 이론이 옳다면 꼬리가 길수록 더욱 비대칭적일 수밖에 없다. 그리고 긴 꼬리를 유전적으로 가장 우수한 제비만이 감당할 수 있는 장애라고 볼 때, 그 장애에도 불구하고 살아남은 수제비는 훌륭한 유전자를 갖고 있음에 틀림없다. 우수한 유전자를 가진 제비이므로 그 꼬리는 대칭적으로 발육된 것이다. 요컨대 꼬리의 크기와 대칭성은 함께 발달했다. 두 가지 모두 좋은 유전자 덕분임은 물론이다.

뮐러는 좋은 유전자 이론의 입증에 만족하지 않고 피셔 이론의 지지자들을 설득하기 위해 꿩, 천인조 등 다섯 종의 성적 장식을 연구했다. 그 결과는 두 가지로 나왔다. 제비처럼 한 개의 장식을 가진 종은 좋은 유전자 이론에 해당되었다. 장식의 크기가 커짐에 따라 대칭성도 커지는 것을 보여 주었기 때문이다. 그러나 꿩처럼 여러 개의 장식을 가진 종은 대부분 피셔 이론의 예측에 부합했다. 장식의 크기가 커질수록 비대칭적으로 되었기 때문이다.

다시 말해서 다양한 장식물을 가진 새들은 유행에 의한 성적 선택의 산물인 반면에 한 가지 장식만을 가진 새들은 그들의 유전적 자질을 과시하고 있는 셈이다. 이와 같이 뮐러의 연구는 피셔 이론과 좋은 유전자 이론 모두를 맞는 것으로 판정해서 양쪽이 대등하게 만족한 상태에서 오래된 논쟁에 종지부를 찍도록 해 주었다.

인체의 대칭성은 성생활에 영향을 미친다

Tip 대칭성은 새의 성적 선택에만 국한된 요소는 아니다. 사람 또한 관련될 가능성이 없지 않다. 균형이 잘 잡힌 여자의 나체를 보면 아름답다는 느낌이 드는 것은 좌우 대칭을 이루기 때문이다. 여성의 몸은 비대칭을 이루는 경우가 드물지만 남성은 대개 왼쪽 고환이 오른쪽보다 낮게 처져서 비대칭을 이룬다.

인체의 대칭성과 성의 관계에 관심이 많은 전문가는 미국의 랜디 손힐이다. 손힐은 인간 역시 대칭적인 신체나 용모를 선호하고 있음을 발견했다. 사람은 단순히 미학적인 이유에서가 아니라 대칭성이 개체의 생물학적 자질, 이를테면 우수한 유전자, 강력한 면역계, 좋은 영양 상태, 원기 왕성한 생식 능력을 갖고 있음을 알려 주는 단서이기 때문에 균형 잡힌 몸매와 얼굴을 좋아한다는 것이다.

신체의 대칭성이 인간의 성생활에 미치는 영향은 적지 않은 듯하다. 1994년 손힐은 122명의 남자 대학생을 대상으로 연구한 결과를 발표했다. 가장 대칭적인 신체의 소유자들은 덜 대칭적인 학생들보다 3~4년 먼저 성교를 시작했다. 또한 손, 발, 무릎, 귀 등이 거의 완벽하게 대칭인 학생들은 가장 비대칭적인 남자들보다 2~3배가량 더 많은 짝짓기 상대를 만났다.

손힐은 한 걸음 더 나아가서 20대 초반인 86쌍의 부부를 상대로 대칭성과 오르가슴의 관계를 연구했다. 1995년 발표된 논문에 의하면 균형 잡힌 몸매를 가진 남자가 성적으로 가장 만족스러운 상대인 것으로 나타났다. 부인들은 평균 60퍼센트 정도 오르가슴을 맛본다고 주장했다. 열 번 성교하면 여섯 번 극치감을 느낀다는 뜻이다. 그런데 가장 대칭적인 신체의 남자와 잠자리를 한 아내들은 그 수치가 75퍼센트까지 올라간 반면에 가장 비대칭적인 남편을 둔 여자들은 30퍼센트로 떨어졌다. 그뿐만 아니라 부인이 오르가슴에 도달하는 시기가 신체의 대칭성에 따라 달라진다는 것이 확인되었다. 남편이 대칭적인 몸을 가진 부부는 거의 동시에 오르가슴을 함께 만끽할 수

3부 • 짝짓기의 심리학

있었기 때문에 임신 가능성이 높은 것으로 나타난 것이다. 어쨌든 남자의 육체에 잘못 자리 잡은 몇 그램의 살점이 그의 여자가 즐기는 오르가슴에 어느 정도 영향을 미치고 있음이 확인된 셈이다.

여자의 경우, 남자 못지않게 대칭성이 중요하다. 여자의 신체에서 가장 비대칭적인 부위는 유방이다. 두 개의 젖무덤이 대칭을 이룬 여자들이 의외로 많지 않다는 뜻이다. 손힐에 따르면, 크기와 모양이 비슷한 유방을 가진 여자들이 짝젖을 가진 여자들보다 아이를 잘 갖는다. 50여 명의 미국 유부녀를 대상으로 조사한 결과, 자식이 없는 여자들은 가장 비대칭적인 가슴을 가진 것으로 판명되었다. 유방의 원둘레가 30퍼센트가량 서로 달랐다. 한편 아이를 가장 많이 낳은 여자들은 가장 대칭적인 가슴을 가졌다. 두 개의 젖가슴은 그 크기가 겨우 5퍼센트밖에 차이가 나지 않았다. 남자들이 대칭적인 유방을 가진 여자를 보면 성욕을 느끼는 까닭은 무의식적으로 자신의 아이를 잘 낳아 줄 상대라고 생각하기 때문인지 모른다.

신체가 비대칭적인 사람들은 이성에게 매력적이지 못하므로 질투심이 많을 개연성이 높다. 2002년 캐나다의 윌리엄 브라운 박사는 50명의 남녀를 대상으로 손, 발, 귀 등 2개가 대칭인 기관의 크기를 잰 뒤에 연애할 때 질투 감정에 대해 조사한 결과, 두 손과 두 발의 크기가 비대칭적인 사람일수록 질투심이 심한 것으로 나타났다고 주장했다. 또한 사람의 손 모양을 보면 그 사람의 생식 능력을 알 수 있다는 연구 결과도 나왔다. 1998년 영국 리버풀 대학 의사들은 다섯 손가락이 균형을 이루지 못한 남성들은 정자의 수가 적은 것으로 입증되었다고 주장했다.

여자의 신체에서 가장 비대칭적인 부위는 유방이다.

암컷이 짝을
선택하는 기준

2

동물의 암컷은 훌륭한 남편, 좋은 아빠가 될 자질을 갖
춘 수컷을 골라서 짝짓기한다. 암컷이 짝짓기 상대를 선택하는 기
준은 종에 따라 제각기 다르다.

암컷은 특이한 수컷을 선호한다

청개구리 암컷은 가장 큰 소리로 가장 자주 노래하는 수컷에게 더
끌린다. 미국 서부에 사는 뇌조 암컷은 레크(lek)에 모인 수컷 중에
서 짝을 고른다. 레크는 '놀이'를 의미하는 스웨덴 말인데, 동물행
동학에서는 멧닭 따위의 새, 사슴, 박쥐, 나비 등의 곤충들이 모여
구애하는 장소를 일컫는다. 짝짓기 시기가 되면 수컷들은 레크에

모여서 각자의 세력권을 정해 놓고 암컷들에게 자신의 소질을 과시한다. 암컷은 백화점에서 좋은 물건을 고르는 여인네처럼 며칠 동안 레크를 배회하면서 수컷을 찬찬히 살펴본 뒤에 한 마리의 수컷을 선택하여 짝짓기한다. 뇌조 암컷이 자발적으로 수컷 앞에서 땅에 엎드린 후에야 수컷은 암컷을 올라탈 수 있다. 교미가 끝나면 암컷은 레크를 떠나 길고 외로운 새끼 돌보기를 시작한다.

새들의 암컷은 가장 화려하고 기다란 꼬리를 가진 수컷을 선호한다. 공작의 경우, 수컷은 지나가는 암컷 모두와 짝짓기 행동을 보여 주지만, 암컷은 단 한 마리의 수컷과 짝을 짓게 되는데 대개 가장 현란한 깃털을 지닌 수컷과 교미한다.

천인조 암컷은 긴 꼬리의 수컷을 짝으로 선호한다.

아프리카의 초원을 날아다니는 천인조 암컷 역시 긴 꼬리의 수컷을 짝으로 선호한다는 사실이 실험으로 확인되었다. 수컷은 몸의 길이보다 몇 배 더 긴 검정 꼬리를 지니고 있는 반면 암컷은 몸의 길이보다 짧은 꼬리를 갖고 있다. 몸의 길이는 15센티미터인데, 꼬리는 수컷이 50센티미터, 암컷이 7센티미터 정도 된다. 1982년 스웨덴의 말테 안데르손은 천인조 수컷의 꼬리를 잘라서 어떤 것은 꼬리를 길게 해 주고 어떤 것은 짧게 했다. 꼬리가 길어진 수컷들은 꼬리가 짧아진 수컷이나 원래의 꼬리를 지닌 수컷에 비해서 더 많은 암컷과 짝짓기를 하였다.

제비 또한 긴 꼬리를 가진 수컷이 암컷에게 인기가 높다는 사실이 관찰되었다. 1992년 덴마크의 안데르스 묄러는 사람이 만들어 붙인 긴 꼬리를 달고 있는 수제비가 보통의 정상적인 꼬리를 지닌 수컷에 비해 짝짓기 상대를 손쉽게 구하고 더 많은 암컷과 교미를 한다는 사실을 발견했다.

서인도제도의 트리니다드 토바고에 서식하는 관상용 열대어인 거피(guppy) 암컷은 몸 색깔을 보고 수컷을 선택한다. 거피는 시냇물에 따라 몸의 빛깔이 변하는데, 암컷은 밝은 오렌지 색깔을 지닌 수컷을 가장 좋아한다. 몸 색깔이 밝은 수컷일수록 암컷을 보호하는 능력이 뛰어나므로 선호되고 있음이 실험으로 확인되었다.

거피를 잡아먹는 물고기가 접근할 때 암컷이 주변에 없으면 어떤 수컷도 포식자에게 접근하지 않았다. 그러나 암컷이 보는 앞에서는 수컷들이 위험을 무릅쓰고 경쟁적으로 포식자에게 다가갔다. 포식자에게 가장 가까이 접근한 수컷의 몸 색깔이 가장 밝았으며 암컷에게 가장 인기가 높았다.

암컷 선택 이론에 대한 무관심

동물의 암컷이 노랫소리, 꼬리의 길이, 몸 색깔과 같은 수컷의 특이한 형질에 따라 짝짓기 상대를 고르는 것을 암컷 선택(female choice)이라 한다. 암컷 선택 개념은 대부분의 진화론처럼 찰스 다윈에 의

하여 처음으로 제창되었다.

다윈은 자연선택에 의한 진화론으로는 수컷과 암컷 사이의 신체적 특징의 차이를 완벽하게 설명할 수 없었다. 가령 고환이나 난소와 같은 1차 성징은 생식에 필요한 기관이므로 그러한 차이는 자연선택에 의해 진화된 것으로 볼 수 있지만 수염이나 뿔처럼 사춘기에 한쪽 성에만 나타나는 2차 성징은 자연선택 개념으로 설명되지 않았다.

이 딜레마를 해결하기 위해 다윈은 다른 형태의 선택인 성적 선택을 제안한다. 성적 선택은 동물이 자손을 얻기 위해 짝을 찾으려고 경쟁하는 과정에서 발생하는 선택이다. 즉 2차 성징은 성적 선택에 의하여 진화된 형질이라는 의미이다.

다윈은 성적 선택에서 암컷보다 수컷의 역할을 강조했기 때문에 암컷 선택이 수컷 사이의 경쟁보다 중요하지 않다고 생각했다. 암컷의 역할을 하찮게 여긴 까닭은, 수컷은 정열적이므로 암컷을 얻기 위해 치열하게 싸우지만 암컷은 짝짓기에 별로 관심이 없다고 보았기 때문이다. 요컨대 열정이 넘치는 수컷은 상대를 가리지 않는 반면에 수줍어하는 암컷은 상대를 고르게 된다.

다윈의 성적 선택 이론에 대해 당시 학자들은 사슴의 뿔과 같은 수컷의 무기가 암컷을 놓고 다투는 수컷들에게 도움이 되므로 진화되었다는 이론은 기꺼이 받아들였으나, 공작 꼬리와 같은 수컷의 몸치장이 암컷을 유혹하기 위해 존재한다는 암컷 선택 이론은 설득력이 없다고 보았다. 어쨌거나 암컷 선택 이론은 60여 년 가까이 전혀 관심을 끌지 못했다.

다윈 이후 처음으로 암컷 선택을 성적 진화의 중요한 요인으로 지목한 학자는 영국의 로널드 피셔이다. 1930년 피셔는 암컷이 과장된 몸치장을 한 수컷을 선호하는 이유는 다른 암컷들도 그러한 수컷을 좋아하기 때문이라고 설명했다.

암컷 선택에 대한 훌륭한 설명이 피셔에 의해 시도되었다는 사실이 알려진 것은 1970년대이다. 따라서 1955년 영국의 존 메이너드 스미스(1920~2004)가 암컷 선택에 대해 발표한 연구 논문은 참신한 것이었다. 초파리의 교미 과정을 연구하던 메이너드 스미스는 암컷이 수컷들의 춤 솜씨를 비교하여 생식 능력을 평가한다는 것을 확인했다. 그 당시에는 성적 선택에서 수컷 사이의 경쟁이 강조되고 암컷은 수동적으로 수컷을 선택하는 존재로 여겨졌기 때문에 암컷 선택을 강조한 메이너드 스미스의 연구 결과는 획기적인 것이었으나 아무도 귀를 기울이지 않았다.

암컷은 적극적으로 짝을 고른다

성적 선택에서 암컷의 역할을 신중히 고려하게 되기까지에는 십수 년의 시간이 더 필요했다. 1972년 미국의 로버트 트리버스(1943~)는 암컷 선택의 의미를 새롭게 정립한 기념비적인 이론을 발표했다. 바로 부모 투자(parental investment) 이론이다. 부모가 후손에게 투자하는 규모에 있어 생물학적으로 차이가 있기 때문에 성적 선택이 불가피하다는 것이다.

암컷들은 자식을 제대로 돌볼 수컷을 만나기 위해 짝을 고른다.

수컷은 무수히 많은 정자를 만들어 내고, 자손을 돌보는 데 거의 시간을 투자하지 않으므로 가능한 한 많은 짝을 얻으려고 노력한다. 한편 암컷은 극소수의 난자를 만들고, 오랫동안 뱃속에 태아를 담고 다니는 것은 물론이고 출산 후에 새끼를 돌보아야 하므로 가능한 한 신중하게 짝을 고르려고 노력한다. 다시 말하자면, 수컷은 자식 양육에 덜 투자하므로 짝의 양에 관심을 갖는 반면 암컷은 자식 양육에 더 투자하므로 짝의 질에 관심을 갖는다. 따라서 짝의 양을 추구하는 수컷들은 암컷을 되도록 많이 차지하기 위해 서로 경쟁하게 되며, 짝의 질을 추구하는 암컷들은 자식을 제대로 돌볼 수컷을 만나기 위해 상대를 가리게 된다. 요컨대 암수의 생식 전략이 다르기 때문에, 성적 선택이 발생한다.

트리버스의 이론은 성적 선택이 암수 사이의 열정의 차이에서 비롯된다고 설명한 다윈의 이론을 뒤엎은 독창적이고 혁명적인 발상이었다. 암컷을 성적으로 수동적인 존재로 간주했던 관점은 1세기 만에 암컷의 성적 적극성을 강조하는 견해로 교체되었다.

암컷은 훌륭한 유전자를 다음 세대로 전달할 수 있는 질 좋은 수컷을 적극적으로 선택하려는 생식 욕구를 가진 존재이다. 가장 훌륭한 수컷을 선택하였는지 확인하기 위해 암컷은 수컷으로부터 유혹받는 능력을 지니도록 진화되었다. 그러한 암컷을 유혹하기 위해 수컷은 긴 꼬리, 큰 노랫소리 또는 밝은 몸 색깔을 활용한다. 수컷들의 그런 특이한 형질은 순전히 암컷 선택의 결과인 것이다.

바바리 마카크의 난잡한 교미

새끼들에게 더 많은 투자를 하는 암컷에게 짝을 고르는 권한이 있다는 부모 투자 이론이 발표된 이후로 25년간에 걸쳐 암컷 선택을 지지하는 과학적 증거가 많이 축적되었다. 특히 수컷이 덜 공격적이거나 암수 사이에 2차 성징이 뚜렷하게 다른 종에서는 암컷이 짝을 고르는 성향이 두드러지게 나타났다. 그러한 종은 대부분 뇌조, 공작, 천인조, 제비와 같은 조류이거나 청개구리, 초파리, 거피 따위의 동물이다.

그러나 영장류에서는 암컷 선택을 뒷받침하는 사례가 확인되지 않았다. 도리어 1992년 미국의 메레디스 스몰은 암컷 선택 이론이 영장류에게는 유효하지 않다는 논문을 발표했다. 페미니스트인 스몰은 바바리 마카크의 짝짓기를 연구했다. 마카크(짧은꼬리원숭이)에 속하는 원숭이들은 주로 아시아에 살고 있는데, 바바리 마카크는 멀리 북아프리카에 떨어져 산다.

바바리 마카크. 암컷은 평균 17분마다 한 번씩 교미했다.

스몰은 암컷이 친밀하거나 지위가 높은 수컷을 선호할 것으로 예상하며 발정기에 있는 21마리의 암컷을 대상으로 3백 시간 동안 무려 506회의 교미를 지켜보았다. 암컷은 암내 나는 생식기를 수컷의 얼굴 앞에 흔들어 대면서 닥치는 대로 수컷을 유혹하여 무리 중에 있는 모든 수컷과 적어도 한 번 이상 교미를 하였다. 평균 17분마다 한 번씩 교미했는데, 어떤 암컷은 6분 간격으로 세 마리와 교미했다. 암컷이 수컷을 선택함에 있어 아무런 기준이 없는 것처럼 보였다.

스몰은 다른 영장류의 연구에서도 동일한 결과를 얻었다. 예컨대 버빗원숭이 암컷은 때로는 지위가 높은 수컷을 고르고 때로는 지위가 낮은 수컷을 좋아했다. 또 어떤 종은 때로는 친밀한 수컷을 좋아하고 때로는 전혀 모르는 수컷을 선호했다. 침팬지 암컷은 짝짓기 상대에 대한 선호가 전혀 없어 보였다. 스몰은 암컷 선택 개념이 새들이나 일부 동물과는 달리 영장류의 짝짓기에는 맞지 않다고 결론을 내렸다.

새와 물고기에서 암컷 선택은 유전됨과 아울러 모방된다. 짝짓기 상대에 대한 암컷의 선호는 유전적으로 결정되지만 모방과 같은 사회적 요인의 영향을 받는다. 예컨대 멧닭의 레크에서 가장 유능한 수컷이 짝짓기 기회의 80퍼센트를 독점하는데, 그 이유는 암컷들이 다른 암컷들을 소유한 것으로 보이는 수컷을 선호하기 때문이다. 거피 암컷은 몸의 오렌지 색깔이 밝은 수컷을 좋아하는데, 다른 암컷이 덜 밝은 오렌지 색깔의 수컷을 선택하는 광경을 보고 덩달아서 그러한 수컷을 짝으로 고르는 모습이 실험을 통해 확인되었다. 어린 거피 암컷들이 늙고 경험 많은 암컷을 흉내 내서 짝을 고르는 경우가 많았다.

암컷 선택에서 모방은 이득이 많다. 다른 암컷의 판단과 경험을 활용하면 적합한 상대를 신속하게 고를 수 있을 뿐만 아니라 그만큼 절약된 시간으로 먹이를 구하는 등의 다른 일을 할 수 있다. 요컨대 암컷 선택은 유전적 요인과 사회적 요인, 즉 본능과 모방의 복잡한 상호작용으로 이루어진다.

카사노바는 여성 모방 심리의 산물이다

Tip 사람은 동물과 달리 자유의지가 있기 때문에 이성을 선택할 때 타인의 선택 기준을 감안하지 않을 것이라고 생각하기 쉽다. 그러나 여자들 역시 거피나 뇌조의 암컷과 마찬가지로 남을 흉내 내어 짝을 고르는 경향이 나타난다. 모방하는 능력이 인간에게 부여되지 않았다면 학습을 할 수 없다는 측면에서 다른 여자가 매력을 느낀 남성에게 관심을 갖는 것은 인지상정일 터이다.

거피와 같은 미물도 짝을 고를 때 동료의 행동을 참작하는 지혜를 발휘하는데 하물며 만물의 영장인 인간이 그러지 말란 법이 없지 않은가. 남의 남자를 유혹하고 싶은 여자들의 심리는 생식 전략의 관점에서 보면 하등 문제될 것이 없는 듯하다.

이러한 여성의 모방 심리를 이해하지 않고서는 왜 카사노바(1725~1798)를 닮은 사내들의 엽색행각에 수많은 여자들이 속절없이 농락당하는 어처구니없는 사건이 끊임없이 신문 지상에 폭로되고, 왜 남자 인기가수의 생일잔치에 수천 명의 10대 소녀들이 몰려들어 미친 듯이 울고 웃는 모습이 텔레비전 화면에 곧잘 비쳐지는지 알 수 없을 것이다.

총각 시절에는 여자들의 눈길을 받지 못하다가 결혼하고 나서 주변 여자들로부터 인기를 끌게 된 사내들은 자신의 손가락에 낀 결혼반지에 감사해야 할지 모른다. 뜻밖의 인기는 반지가 여자들의 짝짓기 모방 심리를 유발한 결과일 테니까.

카사노바는 희대의 바람둥이이다.
영화 〈카사노바〉

164

짝짓기 지능은
존재하는가

3

　　사람의 마음을 찰스 다윈의 진화론에 입각하여 설명하는 진화심리학이 주목을 받고 있다. 진화론의 중심 개념은 자연선택이다. 자연선택 이론은 적자생존으로 규정된다. 적자는 생존 경쟁에서 승리하여 그들의 형질을 자신의 집단 속으로 퍼뜨리고, 부적자는 도태되는 것이 자연선택이다.

　　생물이 자신의 집단 안에서 다른 개체보다 생존 가능성이 높은 자손을 더 많이 생산하려면 환경에 적응(adaptation)하는 능력을 갖지 않으면 안 된다. 적응이란 자연선택이 오랜 세월 지속적으로 작용하여 생물의 기능 중에서 효과적인 부분만을 선택하여 진화시키는 것을 뜻한다.

짝짓기 전략은 진화의 산물

사람의 마음을 이러한 적응의 산물로 간주하는 학문이 진화심리학이다. 말하자면 진화생물학과 인지심리학이 결합된 학제 간 연구이다. 1992년 하나의 독립된 연구 분야로 출현한 진화심리학은 언어, 폭력성, 짝짓기, 기만행위, 이타주의 등이 적응의 산물임을 밝히기 위해 노력하고 있다.

남자들은 젊고 몸매가 아름다운 여자를 선호한다. 토머스 로우랜드슨의 〈하렘〉

진화심리학은 기본적으로 모든 인간의 마음이 보편적인 특성을 공유하고 있다고 전제한다. 그러나 한 가지 결정적인 예외는 불가피하게 인정한다. 진화심리학자들은 남녀의 성 역할이 다르기 때문에 진화 과정에서 남녀의 마음이 다르게 형성되었다고 본다. 따라서 자연선택보다는 성적 선택으로 접근하여 인간의 짝짓기 행위를 분석한다. 이러한 접근 방법으로 연구 성과를 거둔 대표적인 인물은 데이비드 버스와 제프리 밀러이다.

데이비드 버스는 6대륙 37개 문화권에 속한 1만여 명의 남녀를 대상으로 5년간 인간의 성의식을 연구한 결과를 『욕망의 진화 *The Evolution Of Desire*』(1994)로 펴냈다. 그는 이 책에서 오늘날 남녀의 성 전략(sexual strategy)은 수렵 채집하던 인류의 조상들이 짝짓기 문제를 해결하는 과정에서 진화된 것이라고 주장했다.

버스는 성적 선택이 오랜 세월 동안 인간의 내면에 형성한 성의식을 실증적으로 추적하여, 성 전략의 다양한 측면을 분석했다. 이를테면 남자와 여자가 각각 상대방에게 원하는 것들을 열거했으며, 짝을 유혹하는 전략, 혼외정사를 하는 이유, 성적 갈등의 본질과 해결책 등을 제시하였다.

버스에 따르면, 남자들은 젊고 얼굴과 몸매가 아름답고 순결한 여자를 선호하는 반면에, 여자들은 경제적 능력이 있고 사회적 지위가 높고 야망과 지성을 갖춘 배우자와 짝짓기하기를 바라는 것으로 나타났다.

남녀 간의 상이한 짝짓기 전략이 진화 과정에서 형성되어 무의

식적인 심리 구조로 굳어졌다는 버스의 주장은 페미니스트들의 분
노를 촉발하기에 안성맞춤이다. 여성의 사회적 불평등을 개선하려
는 페미니스트들은 남녀의 성 역할이 태생적인 것이 아니라 사회
적으로 구축되었다고 보기 때문이다.

　버스는 2003년 『욕망의 진화』의 개정판을 내고 혼외정사, 배란
기 전후의 성 심리 변화 등 여성의 은밀한 성 전략에 관한 내용을
새로 추가하였다.

성적 선택으로 마음을 설명한다

한편 제프리 밀러는 성적 선택 이론으로 성 의식과 성 전략을 분석
하는 데 머물지 않고 인간의 마음에서 독특한 여러 능력들, 이를테
면 예술, 창의성, 도덕성 등이 우리 조상들의 짝 고르기 과정에서
진화되었다고 주장하였다.

　밀러는 2000년에 펴낸 『짝짓기 하는 마음 *The Mating Mind*』에서
"20세기의 과학은 오로지 자연선택만으로 마음의 진화를 설명하
려고 애썼다."면서 "짝 고르기를 통한 성적 선택이 인간 마음의 진
화에서 무시되었다."고 지적했다. 그는 대부분의 진화심리학자들
이 자연선택으로 인류의 조상들이 낮에 부딪혔던 생존 문제에 관
심을 가졌지만, 자신은 성적 선택으로 그들이 밤에 겪었던 구애의
고민을 풀어 보고 싶다고 강조하면서, "성적 선택에 대한 노골적인
관심 없이 인간의 진화를 논하는 것은 로맨스 없는 드라마와 같
다."고 말했다.

밀러는 20세기 과학이 성적 선택 이론을 무시한 대가로 가령 경제학자들은 인간의 사치품 소유 욕망과 과시적 소비를 설명하지 못했으며, 사회학자들은 남성이 여성보다 재물과 권력을 더 탐하는 이유를 알 수 없었다고 주장하였다.

경제학에서 과시적 소비(conspicuous consumption)라는 개념을 최초로 도입한 인물은 노르웨이 출신의 미국 경제학자인 소스타인 베블런(1857~1929) 교수이다. 1899년 펴낸 『유한계급 이론The Theory Of the Leisure Class』에서 베블런은 현대 도시 사회의 사람들이 비싼 사치품으로 장식하여 자신의 재력을 과시하려는 성향이 농후하다고 주장했다. 상대방이 얼마나 부유한지를 직접적으로 알 수 없는 상황에서는 과시적 소비만이 신뢰할 만한 재력의 지표가 된다는 의미이다.

밀러는 생물학에서 과시적 소비에 해당되는 개념은 1975년 아모츠 자하비 교수가 제안한 장애 이론이라고 주장했다. 자하비는 수공작이 생존에 장애(핸디캡)가 되는 긴 꼬리를 달고 있는 까닭은 핸디캡을 극복할 능력, 곧 우수한 유전적 자질을 갖고 있는 사실을 암컷에게 확인시켜 주는 증거이기 때문이라고 설명하였다. 이를테면 수컷의 긴 꼬리는 짝짓기를 위해 자신의 능력을 과시하는 성적 장식으로 진화된 셈이다.

장애 이론에 따르면 인간의 로맨틱한 사랑은 필연적으로 과시적 소비인 셈이다. 상대의 사랑을 위해 과도한 선물 공세, 과도한 웃음, 과도한 외모 가꾸기를 하기 때문이다. 이러한 낭비는 자연선택 이론의 적자생존 관점에서는 적응과는 무관한 어리석은 행동이기 때문에, 성적 선택 이론이 아니면 설명이 될 수 없다고 밀러는 주장한다.

자선을 왜 베푸는가

밀러가 『짝짓기 하는 마음』에서 성적 선택 이론으로 가장 설득력 있게 분석한 인간의 마음은 배려나 선심을 베푸는 자선 심리이다. 자선은 과학자들이 설명하지 못한 이타적 행동이기 때문이다.

밀러는 남성의 선심 욕구를 보여 주는 가장 극단적인 사례의 하나로 19세기의 석유왕인 존 록펠러(1839~1937)를 꼽는다. 그는 돈을 벌 때는 피도 눈물도 없이 악착같았지만 사회를 위해 아낌없이 베풀었다. 어릴 적부터 교회와 자선단체에 지속적으로 기부를 했으며, 많은 돈을 번 뒤에는 교육기관을 설립하는 등 기업을 돌보는 일보다 자선 사업에 더 많은 시간을 쏟았다.

록펠러의 아름다운 기부 행위는 미국식 자본주의를 떠받치는 기업가 정신으로 칭송되지만 인간의 이타적 행동을 연구하는 과학자들을 곤혹스럽게 만든다. 생물의 이타적 행동을 분석한 표준이론인 혈연선택(kin selection)과 상호 이타주의(reciprocal altruism)로는 설명이 불가능하기 때문이다.

혈연선택 이론에 따르면 혈연으로 맺어진 개체들은 구성원들이 공유한 유전자를 영속시키기 위해 가까운 친척에게 이타적인 혜택을 베푼다. 그러나 이 이론은 혈연관계가 전혀 없는 경우에는 한계

구세군의 자선공연

를 드러낸다.

　한편 상호 이타주의 이론은 혈연관계가 전혀 없는 개체 사이에서 이타적 행동이 나타나는 이유를 설명한다. 상호 이타주의의 기본은 '네가 나의 등을 긁어 주면 내가 너의 등을 긁어 준다'는 식의 호혜적 행동이다. 우리가 일상생활에서 무수히 듣는 거래 · 계약 · 교환 · 분업 · 양보 · 신뢰 · 의무 · 우정 · 선물 · 은혜 등등의 낱말들 속에는 호혜주의 정신이 깃들어 있다. 인간은 상호 이타주의에 익숙한 존재인 것이다.

　그렇다면 록펠러와 같은 갑부가 피 한 방울 섞이지 않고 물질적 보답도 기대하기 어려운 낯선 사람들을 위해 고생해서 번 돈을 선뜻 기부하는 이유가 궁금하지 않을 수 없다. 자선 행위는 물론 돈 많은 기업가들의 전유물은 아니다. 일반 시민들도 서울역 광장에서 헌혈을 하고, 성탄절이면 고아원에 선물을 보낸다. 이러한 제3의 이타적 행동은 인간이 이기적인 측면이 강함과 동시에 더불어 살 줄

아는 지혜를 가진 동물임을 보여 준다. 자선 행위의 수수께끼를 풀기 위해 행동경제학자와 진화심리학자들이 다양한 이론을 제안하고 있다.

밀러는 자선이 진화된 이유를 설명하기 위해 "록펠러 재단은 록펠러에게 공작새의 꼬리와 같았다."는 비유를 사용했다. 인간의 자선 행위가 성적인 과시 본능에서 진화되었다는 의미이다. 자선 행위를 또 다른 형태의 과시적 소비 형태로 본 셈이다. 밀러는 성적 선택 이론이 없었다면 인간의 자선 심리는 진화의 수수께끼로 남았을 것이라고 덧붙였다.

이러한 맥락에서 밀러는 남자들이 음식점에서 여자들보다 더 많은 팁을 종업원에게 주거나, 남성들이 구애를 할 때 시간, 에너지, 자원의 측면에서 여성들보다 더 많은 비용을 지불하는 이유가 설명된다고 주장하였다.

짝짓기 지능 지수(MQ)

Tip

1995년 어느 날, 미국의 빌 클린턴 대통령은 백악관 집무실에서 근무시간 중에 여직원인 모니카 르윈스키와 펠라티오를 포함한 성행위에 탐닉하고 있었다. 펠라티오는 여자가 페니스를 입 안에 넣고 빨거나 혀로 핥는 구강성교이다.

1997년 12월 클린턴 대통령은 르윈스키와의 성추문 사건이 공개되어 정치적으로 궁지에 몰렸다. 하원에서 클린턴에 대한 탄핵안이 가결되는 수모를 겪기도 했다. 클린턴 성추문 사건은 인간의 짝짓기 심리를 연구하는 진화심리학자들에게 짝짓기 지능(mating intelligence)의 상징적인 사례로 손꼽힌다.

짝짓기 지능(MI)은 제프리 밀러가 미국의 사회심리학자인 글렌 게어와 함께 편집한 『짝짓기 지능 Mating Intelligence』(2007)에 의해 학문적인 용어가 되었다. 게어와 밀러는 이 책의 서문에서 짝짓기 지능에 대해 다음과 같이 설명한다.

> 짝짓기 지능은 심리학 연구의 두 주요 분야인 인간 짝짓기와 지능 사이에 다리를 놓기 위해 고안된 새로운 개념이다. 인간 짝짓기의 이해에 첨예한 관심을 가진 진화심리학자로서, 우리는 짝짓기에 관련된 심리적 과정의 진화가 인간 지능의 진화에 필수적인 것이었다고 확신한다. 이러한 관점에서, 짝짓기 심리와 지능이 인간의 마음에서 서로 관계가 없는 측면이라고 보는 것은 잘못이다.

게어와 밀러에 따르면, 짝짓기 지능은 '인간의 짝짓기, 섹슈얼리티, 남녀가 정을 통하고 있는 관계 등에 적용되는 인지 과정'이다.

짝짓기 지능은 사회지능(social intelligence) 및 정서지능(emotional intelligence)과 깊은 관련이 있다. 사회지능은 타인을 믿음과 욕망을 가진 존재로 이해하는 능력을 뜻한다. 대표적인 것은 마키아벨리주의 지능(Machiavellian intelligence)과 마음이론(Theory of Mind)이다. 마키아벨리주의 지능은 인간이 타인의 행동을 예측하고 조종하기 위해 진화된 능력이다. 마음이론은 타인의 행동을 더 잘 이해하기 위해 타인에게 그들 나름의 믿음과 욕망이 있다고 생각할 수 있는 능력이다. 마음이론은 마키아벨리주의 지능의 핵심 요소이다. 성공적인 짝짓기를 하려면 무엇보다 상대방의 마음을 읽는 능력이 중요하다. 따라서 짝짓기 지능과 사회지능이 서로 관련된다고 보는 것이다.

정서지능(EI)은 1990년 도입된 개념으로 타인의 정서를 지각하고 이해하여 자신의 사고와 행동에 보탬이 되도록 활용하는 능력을 뜻한다. 인간의 짝짓기는 인간 정서의 거의 모든 영역, 이를테면 욕망, 사랑, 행복, 슬픔, 질투, 쾌락, 고통 등과 관련된다. 따라서 짝짓기 지능과 정서지능은 불가분의

클린턴 성추문 사건은 짝짓기 지능의 상징적인 사례로 손꼽힌다. 클린턴 곁은 르윈스키

관계에 있는 것이다.

클린턴 대통령은 유복자로 태어나 결손 가정에서 소년 시절을 보냈지만 옥스퍼드대학교에 장학생으로 유학을 가고 예일대학교 법학대학원을 졸업할 정도로 학업 성적이 좋았다. 1978년 32세에 미국 최연소 주지사로 당선되었으며 1992년 46세에 제 42대 대통령에 당선되어 연임에 성공하였다. 그러한 그가 백악관의 일개 여직원과 몇 초간의 짧은 성적 쾌락을 즐기기 위해 집무실에서 펠라티오를 한 사실은 짝짓기 지능을 연구하는 학자들의 연구 주제가 될 수밖에 없었다.

우선 클린턴은 언변이 뛰어나고 글 솜씨가 빼어났으며 매우 머리 좋은 대통령으로 평가되었다. 특히 짝짓기와 관련한 능력이 탁월하였다. 그는 여러 여자들과 혼외정사를 했던 것으로 알려졌다. 1995년 당시 클린턴은 49세, 1973년생인 르윈스키는 22세, 1947년생인 부인 힐러리는 48세였다.

르윈스키는 젊어서 자식을 여러 명 낳을 수 있었지만, 힐러리는 폐경을 앞둔 상태였다. 지적인 측면에서는 변호사 출신인 힐러리와 일개 임시직원인 르윈스키가 비교가 될 수 없었지만, 임신 능력 측면에서는 르윈스키가 힐러리를 압도했다. 짝짓기 심리의 관점에 국한하면, 클린턴이 르윈스키에게 접근한 것이 하등 잘못되었다고 할 수 없기 때문에 클린턴이 짝짓기 지능의 진면목을 과시한 것으로 여겨진다. 말하자면 클린턴은 이른바 짝짓기 지능지수, 곧 MQ(Mating Intelligence Quotient)가 상당히 높은 셈이다.

사랑하면
거짓말쟁이가 된다

4

　　남자와 여자가 사랑을 하게 되면 차가운 머리는 온데간
데없이 사라지고 뜨거운 가슴만 뛰는 듯한 느낌에 사로잡히게 마
련이다. 로맨틱한 사랑에 빠지면 누구나 맹목적으로 되기 때문에
상대방을 합리적으로 판단하는 능력을 상실하는 것처럼 여겨진다.
한마디로 로맨틱한 사랑에는 이성이나 지능이 개입할 여지가 없어
보인다. 그러나 짝짓기 지능(MI)을 연구하는 과학자들은 로맨틱한
사랑이 상대방은 물론 자기 자신을 속이는 고도의 지능적인 게임
이라고 말한다.

175

상대에 대한 편견은 진화의 산물

미국의 진화심리학자인 마티 해즐턴 교수는 남녀가 상대방에 대해 갖고 있는 무의식적인 편견 때문에 상대방은 물론 자기 자신에 대해 그릇된 생각을 하게 된다고 주장한다.

해즐턴의 연구에 따르면, 남자들은 여자들의 미소나 웃음 속에 담긴 성적인 관심을 과대평가하는 성향이 있다. 남자들은 여자들이 자신을 보고 웃을 때 '그 여자가 관심이 있음에 틀림없어.' 라고 생각하기 쉽다. 여자가 단순히 미소만 지었음에도 불구하고, 남자들은 지능지수가 높을수록 그만큼 더 '그 여자가 나를 원한다' 는 편견을 갖기 쉽다. 한편 여자들은 남자들의 약속을 과소평가하여 일시적인 성관계(casual sex)에 관심이 많을 것이라고 여기는 편견을 잠재의식 속에 지니고 있다.

해즐턴은 이러한 남녀의 편견이 판단 착오를 초래하긴 하지만, 인류의 효과적인 짝짓기 행동을 위해서 오랜 세월 동안 자연선택에 의해 진화된 것이라고 주장한다. 2000년 해즐턴은 데이비드 버스와 함께 착오 관리 이론(error management theory)을 제안하고 이러한 편견은 최악의 실수를 저지를 가능성을 감소시키기 위해서 진화된 착오 관리 전략이라고 말한다. 판단 착오는 크게 두 종류로 나뉜다. 하나는 실재하지 않는 것을 보았다고 생각할 때 일어나는 긍정적 착오이고, 다른 하나는 실재하는 것을 보지 못했을 때 비롯되는 부정적 착오이다. 해즐턴은 "우리는 동시에 두 가지 판단 착오를 극소화할 수 없다. 따라서 좀 더 희생이 적은 판단 착오 쪽으로 기우는 것이 유리할 수 있다."고 말한다.

남자들의 '그 여자가 나를 원한다'는 편견은, 만일 상상했던 것만큼 그 여자가 관심을 가지고 있지 않을 경우 큰 낭패일 수 있다. 그러나 해즐턴은 이러한 긍정적 착오는 부정적 착오, 곧 여자가 관심을 가진 것을 눈치 채지 못했을 때보다 훨씬 희생이 적은 착오라고 말한다. 왜냐하면 긍정적 착오는 기껏해야 남자들이 낭패를 당하는 데 그치지만, 부정적 착오는 여자와 짝짓기할 기회를 놓치게 되기 때문이다. 요컨대 이러한 남자일수록 '그 여자가 나를 원한다'는 편견을 무의식적으로 갖도록 진화된 까닭은 여자가 관심을 갖고 있는 것을 알아차리지 못하는 부정적 착오로 번식 기회를 상실하는 것을 예방하기 위한 착오 관리 전략이 필요했기 때문이다.

여자들은 남자들이 일시적인 성관계에 관심이 많다는 편견을 갖고 있다. 이러한 편견을 잠재의식 속에 지니게 된 것은 여자들이 번식을 위해 임신과 자녀 양육에 많은 투자를 하기 때문이다. 여자들은 태어날 아이의 아버지와 장기적인 관계를 형성해야 하므로, 그러한 상대를 만나지 못할 착오를 줄이기 위해서 남자들이 일시적인 성관계를 실제보다 더 좋아한다고 여기는 편견을 갖게 된 것이다.

연인들은 거짓말의 명수

미국의 심리학자인 머린 오설리번 교수는 남녀 모두 로맨틱한 사랑을 하면서 상대방에게 거짓말을 한다는 연구결과를 발표하였다.

남녀 모두 로맨틱한 사랑을 하며 거짓말을 한다. 〈바람과 함께 사라지다〉의
클라크 케이블과 비비안 리.

오설리번은 남자와 여자 중에서 어느 한쪽이 더 거짓말을 잘할 것
이라고 보지는 않았으며, 단지 남녀가 다른 점은 거짓말하는 내용
일 것이라고 전제하였다.

2007년 오설리번은 남자와 여자가 잘할 것으로 예측되는 거짓
말 일곱 가지를 각각 나열하고, 대학생들을 대상으로 의견을 수렴
했다.

남자들이 잘할 것 같은 거짓말 일곱 가지는 다음과 같다.

① 그들이 벌었거나 소유하고 있는 돈의 액수에 관한 거짓말
② 성 매개 질병에 걸렸는지에 관한 거짓말
③ 결혼과 같은 장래의 계획에 관한 거짓말
④ 사랑하지 않으면서 사랑하고 있다고 말하는 것

⑤ 자신의 친구와 함께 보내는 시간에 관한 거짓말

⑥ 여자가 찬성하지 않을 것 같은 과거의 일에 관한 거짓말

⑦ 다른 사람에게 관심이 있거나 시시덕거린 것에 관한 거짓말

여자들이 잘할 것 같은 거짓말 일곱 가지는 다음과 같다.

① 피임에 관한 거짓말

② 남자의 성적인 신체기관 또는 성적인 수행 능력에 얼마나 감동되었
  는지에 관한 거짓말

③ 사랑하는 남자가 얼마나 매력적이며 지적인지 과장하는 것

④ 남자의 몸매 또는 얼굴에 얼마나 감동되었는지에 관한 거짓말

⑤ 처녀성에 관한 거짓말

⑥ 사랑하는 남자의 감정을 상하지 않게 하기 위해 하는 거짓말

⑦ 사랑하는 남자를 화나게 하지 않게 하기 위해 하는 거짓말

대학생들의 의견을 들어 본 결과, 남자들은 일곱 개의 거짓말 중
에서 여섯 개를 할 것 같다는 평가가 나왔다. 한 가지 제외된 것은
마지막에 열거된 항목(다른 사람에게 관심이 있거나 시시덕거린 것에 관한 거
짓말)으로 오히려 여자들이 더 잘할 것 같은 거짓말로 꼽혔다. 한편
여자들은 일곱 개의 거짓말 중에서 오로지 세 가지만 할 것 같다는
평가가 나왔다. 첫 번째(피임에 관한 거짓말), 두 번째(남자의 성적인 신체
기관 또는 성적인 수행 능력에 얼마나 감동되었는지에 관한 거짓말), 세 번째(사

랑하는 남자가 얼마나 매력적이며 지적인지 과장하는 것)에 열거된 것들이다. 대학생들의 평가로는 남자와 여자가 똑같이 잘할 것 같은 거짓말은 세 가지로 다음과 같다.

① 동정/처녀성에 관한 거짓말
② 상대방의 감정을 상하지 않게 하려고 하는 거짓말
③ 상대방의 몸매 또는 얼굴에 얼마나 감동되었는지에 관한 거짓말

오설리번은 이러한 거짓말이 인류가 하나의 동물로서 환경에 적응하여 번식 성공률을 높이기 위해 진화된 것이라고 의미를 부여했다. 남자들은 돈이 많고 장기적인 관계에 관심이 많다는 것을 여자에게 알릴 필요가 있었으므로 그러한 거짓말을 곧잘 하게 되었으며 여자들은 남자에게 임신 능력과 정절을 과시해야 했으므로 그러한 거짓말에 익숙해졌다는 것이다.

오설리번은 한 가지 더 놀라운 연구결과를 내놓았다. 모든 사람들이 사랑하는 사람에게 거짓말을 한다는 사실을 인정하면서도, 자기 자신이 얼마나 많은 거짓말을 하느냐고 물으면 다른 사람들보다 훨씬 거짓말을 적게 한다고 대답한다는 것이다. 특히 여성들이 이러한 자기기만에 빠지기 쉬운 것으로 나타났다.

오설리번은 이러한 자기기만이 현대사회에 필요한 짝짓기 지능에서 갈수록 중요한 역할을 한다고 주장하였다. 왜냐하면 자기기만을 함으로써 자신이 선택한 상대가 가장 적합한 짝이라고 스스

로 확신할 수 있기 때문이다. 만일 스스로 진정한 사랑을 찾았다고 믿게 된다면 장기적인 관계가 유지되어 번식 성공률을 극대화할 수 있음은 물론이다.

사랑이라는 위대한 속임수

로맨틱한 사랑의 짝을 찾는 과정이 무의식적인 편견과 오해, 거짓말, 자기기만으로 가득 차 있음이 밝혀짐에 따라 짝짓기 지능이 로맨틱한 사랑에서 중요한 역할을 하고 있다는 사실이 확인되었다. 그러나 짝짓기 지능을 연구하는 심리학자들은 로맨틱한 사랑에서 무엇보다 거대한 속임수는 실제로 사랑에 빠져 있다고 느끼는 감정이라고 말한다.

우선 사랑에 빠져 있는 사람들은 자신의 짝이 가장 이상적인 상대라는 생각을 하고 있게 마련이다. 하지만 사랑하는 사람이 인생의 유일무이한 반려자라고 여기는 것은 통계적으로도 근거가 희박하다. 마티 해즐턴 교수에 따르면, 우리가 배우자를 고르는 기회는 단지 9퍼센트에 불과하다. 100명의 잠재적인 상대 가운데 무작정 처음 만난 9명 중에서 한 사람을 짝으로 선택하게 된다는 뜻이다. 65억 명이 사는 지구상에서 기껏해야 수백 명의 이성을 만나 본 뒤 선택한 상대가 가령 영혼의 동반자라든가 완벽한 짝이라고 확신하는 것처럼 어리석은 일은 없을 것이다. 그렇다고 우리가 최선의 짝을 찾겠다고 막무가내로 수많은 상대를 만나는 것 또한 어리석은 일일 수밖에 없다. 짝을 찾는 과정에서 자신에게 적합한 상대를 찾는 기능이 인류에게 진화되지 않았다면, 인류는 최선의 짝을 찾느라고 인생을 허비하지 말란 법이 없다. 그러한 기능이 다름 아닌 로맨틱한 사랑이다. 곤두박이로 사랑에 빠지는 것처럼 짝 선택의 문제를 멋지게 해결하는 방법은 없다.

짝짓기 심리학의 권위자인 글렌 게어는 연인들에게 현재의 애인과 헤어진 애인을 비교해 달라는 설문지를 돌렸다. 응답자들은 대

로맨틱한 사랑에 빠진 사람들은 자신의 짝이 가장 이상적인
상대라고 착각하게 된다. 에곤 실레의 〈수녀를 껴안는 추기경〉

부분 현재의 애인은 마음이 열리고, 진취적이며, 신뢰할 만한 사람이지만 예전 애인은 마음이 옹졸하고, 정서적으로 불안정하며, 믿을 수 없는 사람이라고 평가한 것으로 나타났다. 이러한 결과는 사랑의 맹목성을 여실히 보여 준다.

연인들이 완벽한 상대와 사랑하고 있다고 자기를 속이는 것은 제한되고 불완전한 정보에 근거해서 한 사람의 짝을 선택해야 하는 상황에서 최선의 방법으로 보인다. 말하자면 자기기만은 자연이 인간에게 부여한 재능의 하나인 셈이다. 이런 맥락에서 사랑의 맹목성은 마음의 결함이라기보다는 인간을 로맨틱한 사랑으로 묶어 주기 위해 진화된 접착제라 할 수 있다.

짝짓기 심리학을 연구하는 학자들은 사랑하는 사람에 관하여 자기기만을 하는 사람들일수록 행복한 결혼생활을 꾸려 나간다고 말한다. 남을 사랑하고 있다고 착각하는 사람들은 모두 항상 행복한 것이다.

섹스를 하는 이유
237가지

5

남녀가 성교를 하는 이유는 몇 가지밖에 되지 않을뿐더러 그 내용도 단순하다고 여겨져 왔다. 대부분의 사람들은 가령 자식을 갖기 위해서 성교를 하거나, 성적 쾌락을 즐기기 위해 섹스를 한다고 생각하고 있을 것이라는 고정관념이 당연한 듯 받아들여졌다.

그러나 1990년대부터 과학자들이 인간의 성행위를 본격적으로 연구하여 그러한 고정관념이 잘못된 것임을 밝혀 왔다. 이를테면 인간이 성교를 하는 이유는 의외로 그 종류가 많고 심리적으로 복합적인 것으로 확인되었다.

남녀가 섹스하는 이유 엇비슷

2007년 7월 미국의 진화심리학자인 데이비드 버스는 텍사스대 학생 1,549명을 대상으로 섹스를 하는 이유를 조사한 결과를 발표하였다. 남자는 503명, 여자는 1,046명이었다. 나이는 응답 대상자의 96퍼센트가 18~22세였으며, 평균 나이는 19세였다. 1차적으로 수집된 715개의 이유를 237가지로 정리한 뒤, 남녀 각각에 대하여 왜 섹스를 하는지 질문하였다.

남자의 경우, 237가지의 이유 중에서 응답자들이 가장 많이 든 10가지 이유는 다음과 같다(〈표1〉 참조).

(1) 나는 그 사람에게 끌렸다.

(2) 섹스는 황홀한 느낌이 좋다.

(3) 나는 육체적 쾌락을 경험하고 싶었다.

(4) 섹스는 재미있다.

(5) 나는 그 사람에게 내 애정을 보여 주고 싶었다.

(6) 나는 성적으로 흥분해서 욕망을 풀고 싶었다.

(7) 나는 '발정한 상태(horny)'였다.

(8) 나는 그 사람에게 내 사랑을 표현하고 싶었다.

(9) 나는 오르가슴에 도달하고 싶었다.

(10) 나는 내 상대를 기쁘게 해 주고 싶었다.

〈표1〉 남자가 섹스를 하는 이유 50가지		
순위	이유	여자 순위 〈표2〉
1	나는 그 사람에게 끌렸다	1
2	섹스는 황홀한 느낌이 좋다	3
3	나는 육체적 쾌락을 경험하고 싶었다	2
4	섹스는 재미있다	8
5	나는 그 사람에게 내 애정을 보여 주고 싶었다	4
6	나는 성적으로 흥분해서 욕망을 풀고 싶었다	6
7	나는 '발정한 상태(horny)' 였다	7
8	나는 그 사람에게 내 사랑을 표현하고 싶었다	5
9	나는 오르가슴에 도달하고 싶었다	14
10	나는 내 상대를 기쁘게 해 주고 싶었다	11
11	그 사람의 생김새가 나를 성적으로 흥분시켰다	17
12	나는 순수한 쾌락을 원했다	13
13	나는 마침 그때 흥분 상태였다	10
14	나는 정서적 친밀감을 갈망했다	12
15	섹스는 자극적이고 모험하는 것 같다	15
16	그 사람은 몸이 매력적이었다	34
17	나는 내가 사랑하고 있음을 깨달았다	9
18	그 사람은 얼굴이 매력적이었다	28
19	그 사람은 진실로 나를 갈망했다	19
20	나는 모험과 자극을 원했다	27

짝짓기의 심리학

남녀가 성교를 하는 이유는 의외로 그 종류가 많다. 그림은 교미하는 동물의 모습을 보여 준다.

한편 여성 응답자들이 237가지의 이유 중에서 가장 많이 든 10가지 이유는 다음과 같다(〈표2〉 참조).

(1) 나는 그 사람에게 끌렸다.

(2) 나는 육체적 쾌락을 경험하고 싶었다.

(3) 섹스는 황홀한 느낌이 좋다.

(4) 나는 그 사람에게 내 애정을 보여 주고 싶었다.

(5) 나는 그 사람에게 내 사랑을 표현하고 싶었다.

(6) 나는 성적으로 흥분해서 욕망을 풀고 싶었다.

(7) 나는 '발정한 상태'였다.

(8) 섹스는 재미있다.

(9) 나는 내가 사랑하고 있음을 깨달았다.

(10) 나는 마침 그때 흥분 상태였다.

순위	이유	남자 순위 〈표1〉
	〈표2〉 여자가 섹스를 하는 이유 50가지	
1	나는 그 사람에게 끌렸다	1
2	나는 육체적 쾌락을 경험하고 싶었다	3
3	섹스는 황홀한 느낌이 좋다	2
4	나는 그 사람에게 내 애정을 보여 주고 싶었다	5
5	나는 그 사람에게 내 사랑을 표현하고 싶었다	8
6	나는 성적으로 흥분해서 욕망을 풀고 싶었다	6
7	나는 '발정한 상태' 였다	7
8	섹스는 재미있다	4
9	나는 내가 사랑하고 있음을 깨달았다	17
10	나는 마침 그때 흥분 상태였다	13
11	나는 내 상대를 기쁘게 해 주고 싶었다	10
12	나는 정서적 친밀감을 갈망했다	14
13	나는 순수한 쾌락을 원했다	12
14	나는 오르가슴에 도달하고 싶었다	9
15	섹스는 자극적이고 모험하는 것 같다	15
16	나는 그 사람과 연결된 느낌을 원했다	21
17	그 사람의 생김새가 나를 성적으로 흥분시켰다	11
18	섹스는 로맨틱한 환경이었다	23
19	그 사람은 진실로 나를 갈망했다	19
20	그 사람이 성적 매력을 느끼도록 했다	25

남자나 여자가 섹스를 하는 첫 번째 이유는 상대에게 끌렸기 때문인 것으로 밝혀졌다.
파블로 피카소의 도자기 4점

237가지의 이유 가운데 남녀가 가장 많이 응답한 이유 상위 10가지 중에서 8개가 동일하고, 상위 25가지 중에서 21개가 같다.

상위 10가지 이유 중 남녀가 각각 다르게 응답한 것은 두 가지이다. 남자 쪽에는 '나는 오르가슴에 도달하고 싶었다'(9번)와 '나는 내 상대를 기쁘게 해 주고 싶었다'(10번)가 포함된 반면에, 여자 쪽에는 '나는 내가 사랑하고 있음을 깨달았다'(9번)와 '나는 마침 그때 흥분 상태였다'(10번)가 들어 있다.

버스의 결론에 따르면, 남자가 여자보다 상대방의 외모에 더 끌리는 것으로 나타났다. 가령 남자 순위 11번인 '그 사람의 생김새가 나를 성적으로 흥분시켰다'는 여자 순위 17번, 남자 순위 16번인 '그 사람은 몸이 매력적이었다'는 여자 순위 34번, 남자 순위 18번인 '그 사람은 얼굴이 매력적이었다'는 여자 순위 28번으로 순위에서 크게 차이가 났다.

남자 순위 34번인 '그 사람은 너무 성적 매력이 뛰어나서 거부할 수 없었다', 순위 38번인 '나는 그 사람이 발가벗은 것을 보고 참을 수 없었다', 순위 42번인 '그 사람은 신체적으로 너무 매력적이어서 참기 어려웠다'는 여자 상위 50가지에 빠져 있다.

한편 여자는 남자보다 정서적인 동기에 의해 섹스를 하는 것으로 나타났다. 가령 여자 순위 5번인 '나는 그 사람에게 내 사랑을 표현하고 싶었다'는 남자 순위 8번, 여자 순위 9번인 '나는 내가 사랑하고 있음을 깨달았다'는 남자 순위 17번으로 미묘한 차이를 드러냈다.

그 밖에도 여자 순위 40번인 ‘나는 그대가 없어 적적했다고 말하고 싶었다’, 순위 44번인 ‘그 사람은 유머감각이 대단했다’는 남자 상위 50가지에 들어 있지 않다.

가장 적게 언급한 이유 20가지

데이비드 버스는 사람이 섹스를 하는 이유 237가지 중에서 가장 적게 언급된 이유도 발표하였다.

남자의 경우 응답자들이 가장 적게 언급한 5가지 이유는 다음과 같다(⟨표3⟩ 참조).

(1) 그 사람이 섹스를 하기 위해 나에게 약을 주었다.
(2) 나는 누군가에게 성 매개 질병을 건네주고 싶었다.
(3) 나는 자신을 처벌하고 싶었다.
(4) 니는 나의 관계를 깨고 싶었다.
(5) 나는 직업을 얻고 싶었다.

순위	이유	여자 순위 ⟨표4⟩
	⟨표3⟩ 남자가 섹스를 하는 이유로 가장 적게 언급된 20가지	
1	그 사람이 섹스를 하기 위해 나에게 약을 주었다	7
2	나는 누군가에게 성 매개 질병을 건네주고 싶었다	1
3	나는 자신을 처벌하고 싶었다	8
4	나는 나의 관계를 깨고 싶었다	11

한편 여성 응답자들이 237가지의 이유 중에서 가장 적게 든 5가지 이유는 다음과 같다(〈표4〉 참조).

(1) 나는 누군가에게 성 매개 질병을 건네주고 싶었다.

(2) 누군가가 나에게 섹스를 하기 위해 돈을 주었다.

(3) 나는 입신출세를 원했다.

(4) 섹스는 클럽 또는 조직에의 입회 의식이었다.

(5) 나는 직업을 얻고 싶었다.

〈표4〉 여자가 섹스를 하는 이유로 가장 적게 언급된 20가지		
순위	이유	남자 순위 〈표3〉
1	나는 누군가에게 성 매개 질병을 건네주고 싶었다	2
2	누군가가 나에게 섹스를 하기 위해 돈을 주었다	7
3	나는 입신출세를 원했다	11
4	섹스는 클럽 또는 조직에의 입회 의식이었다	6
5	나는 직업을 얻고 싶었다	5
6	나는 승진을 하고 싶었다	15
7	그 사람이 섹스를 하기 위해 나에게 약을 주었다	1
8	나는 자신을 처벌하고 싶었다	3
9	나는 그 사람을 모욕하고 싶었다	12
10	나는 신을 더욱 가깝게 느끼고 싶었다	10
11	나는 나의 관계를 깨고 싶었다	4
12	나는 다른 사람의 관계를 깨고 싶었다	14
13	나는 이용당하거나 격하되기를 원했다	19
14	나는 그 사람의 친구에게 접근하고 싶었다	-

237가지 이유 가운데 남녀가 가장 적게 응답한 이유 상위 20가지를 비교해 보면 17개가 동일하다. 남녀가 각각 다르게 응답한 이유는 세 가지이다. 남자 쪽에는 '나는 신체적 손상을 받을 가능성 때문에 '아니요' 라고 말하는 것이 두려웠다' (8번), '그 사람은 돈이 많았다' (18번), '나는 적의 상대와 섹스를 함으로써 적의 관계를 깨고 싶었다' (20번)가 들어 있다. 한편 여자 쪽에는 '나는 그 사람의 친구에게 접근하고 싶었다' (14번), '나는 누군가로부터 호의를 얻고 싶었다' (15번), '나는 나의 명성을 끌어올리고 싶었다' (16번)가 포함되어 있다.

　　데이비드 버스의 연구는 남녀가 섹스를 하는 이유가 무려 237가지나 될 정도로 다종다양하다는 사실을 학문적으로 밝혀낸 최초의 성과로 평가되고 있다.

Tip 인류는 발정기에만 교미를 하는 다른 동물들과 달리 시도 때도 없이 섹스를 한다. 따라서 섹스가 건강에 미치는 영향이 궁금하지 않을 수 없다.

섹스가 건강에 좋다는 몇 가지 연구결과가 나왔다. 먼저 섹스를 자주 하는 사람은 심장병에 덜 걸리는 것으로 나타났다. 섹스는 혈액 순환을 촉진하고, 심장의 활동을 자극하기 때문이다. 특히 오르가슴 순간에는 심장 뛰는 속도가 두 배 빨라진다.

1980년대에 영국에서 1주일에 2회 이상 섹스하는 남자들은 한 달에 한 번미만 섹스하는 남자보다 심장 발작을 일으킬 확률이 50퍼센트 줄어든다는 연구결과가 나왔다.

또한 섹스는 200칼로리의 에너지가 소모된다. 30분 동안 힘껏 달리기를 할 때 연소되는 것과 맞먹는 열량이다. 섹스를 자주 하면 살을 뺄 수 있다는 다이어트 이론이 나올 만하다.

섹스를 하는 동안 뇌 안에서는 다양한 화학물질이 분비된다. 대표적인 것은 엔도르핀과 옥시토신이다.

엔도르핀은 일종의 진통제 역할을 하므로 섹스할 때 엔도르핀이 분비되어 평온하고 안정된 느낌을 갖게 된다. 따라서 성행위에 적극적인 사람들이 우울증이나 자살 충동에 휘말린 사례는 드물다. 오르가슴 동안에 분비되는 엔도르핀은 요통, 관절염, 두통 따위의 만성적 통증을 완화시킬 수 있는 것으로 밝혀졌다.

섹스는 여러 면에서 건강에 좋은 영향을 미친다.
20세기 작자 미상의 〈포옹〉

옥시토신은 포옹의 호르몬이라고 불릴 정도로 남녀가 손을 잡거나 포옹할 때 분비량이 급증한다. 섹스를 끝낸 뒤 남녀가 서로 껴안은 채 새벽녘까지 함께 지내고 싶어 하는 것도 옥시토신 덕분이다. 오르가슴 동안 옥시토신의 혈중 농도는 5배까지 급상승한다. 여자들이 오르가슴을 느끼는 동안 골반을 떠는 이유는 옥시토신이 작용하기 때문이다.

스웨덴 연구진들은 실험실 쥐에게 옥시토신을 주입했는데, 등에 난 상처가 보통 쥐보다 두 배 빨리 나았다. 섹스가 상처를 치유하는 기능, 곧 면역기능에 영향을 미칠 수 있음을 보여 준 셈이다.

1999년 미국의 연구진들은 1주일에 한두 번 성교하는 사람들이 금욕 생활하는 사람보다 면역기능이 좋은 것을 밝혀냈다. 요컨대 섹스를 자주 하면 면역기능이 강화되므로 감기 같은 질병에 덜 걸리게 된다.

섹스는 이처럼 여러 면에서 건강에 좋은 영향을 미친다. 일반적으로 결혼생활을 하는 사람들이 독신자보다 더 오래 사는 것으로 알려졌다.

섹스의 진화

여자에게 발정기가
따로 없는 까닭

1

아득히 먼 옛날 인류의 암컷은 여느 영장류의 암컷들과는 달리 유별난 신체 기관을 진화시켰다. 처녀막과 젖가슴이 그것이다. 처녀막은 원숭이나 유인원 등 인류와 친척이 되는 동물의 비뇨생식기 계통에서 찾아볼 수 없는 여자 특유의 기관이다. 한편 볼록 솟아오른 젖가슴은 인류의 조상이 얼굴을 마주 보는 체위로 성교를 하면서부터 여자가 남자의 관심을 몸의 앞부분으로 돌릴 필요가 생겼기 때문에 엉덩이를 흉내 내서 진화된 지방질 덩어리로 유추된다.

400번의 월경

젖가슴과 처녀막에 이어 여자를 다른 동물의 암컷과 구별 짓는 생리적 특징은 인류의 진화 과정에서 사라진 발정기이다. 하등동물의 경우 암컷 생식기의 외음부 주변이 마치 물집처럼 팽창하면서 매혹적인 냄새와 색깔로 수컷에게 성적 신호를 보내는 상태를 발정이라 한다. 발정을 의미하는 영어 에스트러스(estrus)는 쇠파리를 뜻하는 그리스어에서 비롯되었다. 발정기 동안에 암컷의 내분비계에서 일어나는 일시적인 변화가 마치 쇠파리가 날아가듯이 갑작스럽고 격렬하게 일어난다는 의미를 함축하고 있다.

영장류 암컷의 발정기는 대개 한 달에 일주일 정도밖에 지속되지 않는다. 따라서 발정기에 돌입하면 암컷은 수컷에게 적극적으로 접근해서 장난을 걸거나 자신의 음부를 벌려 보여 주면서 광적

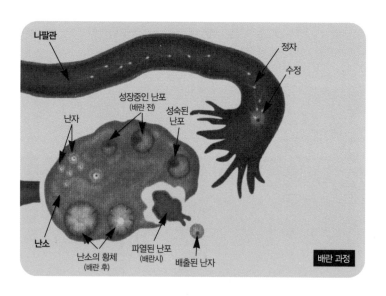

배란 과정

으로 성행위에 빠져든다. 예컨대 비비 원숭이는 1백 회까지 교미를 한다. 색광인 바바리 마카크 암컷은 같은 무리의 모든 수컷에게 적어도 한 번씩 기회를 주면서 평균 17분마다 교미를 한다. 그러나 발정기가 지나면 성행위에 거의 흥미를 보이지 않는다. 영장류 암컷은 대개 배란기에 발정의 절정에 이른다.

인간 암컷에게도 배란기가 있다. 여자는 난소 안에 이미 만들어져 있는 대략 2백만 개의 어린 난세포를 갖고 태어나지만 사춘기까지 약 40만 개가 남는다. 어린 난세포는 액체로 가득 찬 주머니인 난포 속에 싸여 있게 된다. 사춘기가 시작되면서 뇌하수체와 난소 사이에 상호작용이 4주 단위로 되풀이해서 일어난다. 매 주기, 즉 난소 주기 동안에 뇌하수체는 난포와 그 속의 난자를 성숙시키는 호르몬을 분비한다. 일반적으로 한 달에 한 개의 난포가 성숙한다. 약 2주가 지나 이 난포가 난소의 표면으로 올라가서 마침내 터지면 성숙한 난자 한 개가 난소 표면에서 떨어져 나온다. 이와 같이 성숙한 난자가 난포로부터 배출되는 현상을 배란이라 한다.

난소에서 나온 난자의 행선지는 자궁으로 이어지는 나팔관이다. 나팔관 안에 정자가 들어와 있다면 난자는 수정될 수 있다. 그러나 수정이 일어나지 않으면 월경이 시작되고 이 모든 과정이 다시 반복된다. 여성은 사춘기부터 배란이 멈추는 폐경기까지 30여 년간 수태가 가능하다. 이 동안에 대략 4백 번의 난소 주기가 있는 것으로 볼 때, 40만 개의 어린 난세포 중에서 1천 개에 한 개꼴인 약 4백 개가 난자로 성숙한다.

배란 은폐로 아무 때나 성행위

여자의 조상들에게는 물론 발정기가 있었다. 월경이 끝나고 며칠 지나면 발정기가 시작되었다. 배란을 하는 12일째부터 14일째에 이르는 시기에 발정의 절정에 이르렀다. 그런데 진화 과정에서 발정기를 잃어버림에 따라 남자들은 배란기를 알 수 없게 되었다. 더욱 놀라운 것은 대다수 여자들 역시 공을 들이지 않으면 자신의 배란기를 거의 감지할 수 없다는 사실이다.

물론 배란기가 되면 신체에 변화가 발생한다. 이를테면 배란기에는 체온이 급상승하고 월경시에 하강한다. 배란 직전에는 질에서 미끈미끈하고 무색투명한 점액이 나오는데, 배란 직후 갑자기 탁해지면서 며칠 동안 점착성이 있는 액체가 나온다. 난자가 난소에서 튀어나와 자궁으로 갈 때에 복통을 느끼거나 약간의 출혈을 보이는 사람도 있다.

따라서 매일 아침 체온을 재 보거나, 매일 질에서 나오는 점액의 상태를 보거나, 배란에 따른 복통을 느끼거나 하지 않으면 배란기가 언제인지를 알아낼 방도가 없다. 이를 일러 은폐된 배란(concealed ovulation)이라 한다.

인류의 수컷들은 배란 은폐로 말미암아 암컷을 확실히 수태시킬 수 있는 시기를 알 수 없게 되었다. 따라서 수컷들은 끊임없이 성교를 하지 않으면 새끼를 얻기 어려운 곤경에 빠지게 되었고, 동시에 암컷들은 수컷의 요구에 따라 일 년 내내 밤낮으로 성행위를 하지 않으면 안 되었다. 월경 중에나 임신 중은 물론이고 폐경 이후까지

여자들도 공을 들이지 않으면 자신의 배란기를 감지할 수
없다. 장-오귀스트-도미니크 앵그르의 〈터키 목욕탕〉

도 성관계를 가질 정도였다. 인류의 암컷들이 이처럼 놀라운 성적 수용 능력을 지속적으로 유지하게 된 것은 다른 동물의 암컷들에 견주어 볼 때 생물학적으로 어처구니없는 낭비가 아닐 수 없다.

대부분의 포유류가 여자와는 달리 오로지 발정기에만 교미를 하게 된 이유는 자명하다. 교미가 비용이 많이 들고 매우 위험스럽기 때문이다. 우선 많은 에너지를 소모해야 하고, 먹이 구하는 데 사용될 시간을 쪼개 써야 되며, 자칫 잘못하면 교미 중에 포식자에게 공격을 당할 염려까지 있다. 요컨대 대부분의 포유류는 교미의 본래 목적인 수정을 위해 소요되는 최소한의 시간과 노력을 투입하는 지혜를 갖고 있다.

이런 맥락에서 수태 가능성을 도외시하고 막무가내로 성행위에 탐닉하는 인류는 확실히 어리석은 측면이 없지 않다. 그렇다면 진화 과정에서 발정기가 사라지고 배란이 은폐되어 암컷이 지속적인 성적 수용 능력을 갖게 된 것은 잘못된 일이란 말인가. 그럴 리가 없다. 이러한 여자 고유의 생리적 특성은 그럴 만한 이유가 있어서 진화되었음에 틀림없을 테니까.

남성 인류학자들의 생각

배란 은폐의 기원을 설명하는 이론은 한두 가지가 아니다. 초기에 남성 인류학자들 사이에는 세 가지 이론이 인기를 끌었다.

첫 번째는 남자들이 수렵할 때 협동심을 고양시키고 적대감을 완화시키기 위해 배란 은폐가 진화되었다는 이론이다. 만일 발정기가 있었다면 암내 나는 여자를 서로 독점하기 위해 남자들끼리 싸웠을 뿐 아니라 남자와 여자, 여자와 여자 사이에도 갈등이 증폭되어 집단 전체가 붕괴될 가능성이 있었기 때문에 배란이 은폐되었다는 주장이다.

두 번째는 남자와 여자 사이의 결속을 강화시켜 한 가정의 기초를 굳건히 하기 위해 배란이 은폐되었다는 이론이다. 여자 혼자서 어린애를 키우는 일은 쉽지 않다. 아버지가 곁에 있다면 먹이를 걱정할 필요가 없다. 그러나 그를 붙잡아 두려면 항상 성적으로 그를 만족시켜야 한다. 만일 그가 원할 때마다 성교에 응할 수 있다면 배란기에 있는 다른 여자를 찾아 나서지 않을 것이다. 따라서 여자가 지속적으로 성적 수용 능력을 갖기 위하여 배란이 은폐된 것이다. 한마디로 여자는 남자에게 쾌락을 제공하는 존재일 따름이라는 발상이다.

세 번째는 도널드 시몬스가 제안한 것으로, 두 번째 이론보다 한 걸음 더 나아가서 여자가 남자로부터 지속적으로 먹거리를 공급받기 위해서 그 답례로 성을 제공했기 때문에 지속적인 성적 수용 능력이 진화되었다는 이론이다. 세 가지 이론 중에서 첫째와 둘째 이론은 그럴듯한 설명이지만 세 번째는 설득력이 없어 보인다.

배란 은폐로 얻는 이득

1979년에는 생물학자들이 세 종류의 독특한 이론을 발표했다.

첫 번째는 남녀 학자가 함께 내놓은 아비 재택 이론(father-at-home

theory)이다. 리처드 알렉산더와 캐더린 누난은 아비가 되고 싶어 하는 남자의 본성에 주목했다. 만일 남자가 아내의 배란기를 알 수 있다면 그녀가 배란할 때에만 집에 머물면서 수태시키고 나머지 시간에는 또 다른 발정기의 여자들을 찾아 나설 것이다. 게다가 집에 남겨 둔 아내가 다른 사내의 아이를 가질 수 없는 상태이기 때문에 안심하고 엽색 행각을 펼칠 것이다.

그러나 배란기를 모른다면 상황은 반전된다. 아내를 반드시 수정시키는 행운을 붙잡으려고 가급적이면 오랫동안 집에 머물면서 아내와 매일 성교를 하게 될 것이다. 더욱이 그가 집을 비운 사이에 아내가 다른 남자의 아이를 가질 수 있으므로 남편은 집에 머물게 된다. 또한 다른 여자들의 배란기를 알 수 없으므로 집 밖에 나가서 서성댈 필요가 없다. 결과적으로 사내들은 집 안에서 아이들을 돌보게 된다.

이처럼 배란 은폐는 남녀 양쪽에게 모두 이득이 되는 것이다. 남자는 아비로서 그가 돌보는 아이가 진실로 자신의 유전자를 가졌다는 확신을 얻게 되고, 여자는 자신이 원하는 사내를 계속해서 배우자로 묶어 둘 수 있기 때문이다. 아비 재택 이론은 남녀 모두를 성적으로 대등한 주체로 간주한 점이 돋보인다.

한편 여류 동물학자인 낸시 벌리는 배란 은폐를 출산과 결부시켰다. 배란기를 알고 있던 대부분의 여성들은 출산의 고통과 위험으로부터 자신을 보호하기 위해 가급적이면 배란기에 성관계를 갖지 않으려고 노력했다. 물론 이들은 후손을 남기지 못했다. 그러나 배란기를 눈치 채지 못한 극소수의 여성들은 많은 자식을 낳을 수밖에 없었다. 이들이 인류의 조상이 된 셈이다. 요컨대 자녀를 적게 낳으려는 여성들로 하여금 산아 제한을 하지 못하도록 배란이 은폐된 생리 주기가 선택되었다는 이론이다.

마지막으로 랜디 손힐은 배란 은폐의 기원을 여성의 간통 전략에서 찾는 이론을 발표했다. 배란이 은폐되면 남편은 아내가 수태 가능한 시기를 전혀 알 수 없지만 아내는 배란기를 조금은 눈치 챌 수 있다. 따라서 유전학적으로 열등한 사내와 함께 사는 여자는 배란기에는 남편 몰래 우수한 유전자를 가진 사내를 정부로 선택해서 수태를 하고 그 밖의 시간에는 남편과 성관계를 맺을 수 있다. 말하자면 배란 은폐가 간통의 효과를 극대화시키는 무기로 사용되었다는 주장이다.

유아 살해에 대한 기막힌 처방

이어서 1981년에는 인류학자 사라 홀디(1946~)가 그녀의 저서인 『진화하지 않은 여성*The Woman That Never Evolved*』에서 아비 다수 이론(many-fathers theory)을 소개해 주목을 받았다. 먼 옛날에 인류의 수컷들이 일삼은 유아 살해(infanticide)를 배란 은폐의 동기로 설정한 이론이다.

남자들은 자신과 성관계를 가진 적이 없는 여자들의 어린애를 보면 곧잘 죽였다. 여자가 젖을 먹이는 동안에는 자신의 아이를 갖게 될 기회가 적다고 판단했기 때문이다. 어쨌든 자식을 빼앗긴 어머니는 다시 발정기에 들어갔으며 그 살인자와 성교를 해서 그의 새끼를 낳기에 이르렀다.

그러나 이 자식 역시 유아 살해의 과녁이 될 개연성이 높았다. 이에 대한 대비책으로 여자들이 궁리해 낸 묘안은 가능한 한 많은 사내들이 그녀의 아이를 자신들의 새끼라고 착각하게 만드는 방법이었다. 따라서 여자들은 되도록 많은 남자들과 성관계를 맺어 둠으로써 자녀의 생명을 보존하려고 노력했다. 그러나 눈에 잘 띄는 성기의 팽창으로 배란을 선전하면 배우자의 감시가 강화되어 다른 사내와 놀아날 수 있는 기회를 찾기 어렵다. 배란 은폐를 궁리해 낼 수밖에 없게 된 것이다.

아비 다수 이론은 성의 주도권이 여자에게 있는 것으로 전제했기 때문에 여권 신장론자들로부터 열렬한 박수를 받았을 뿐 아니라 아비 재택 이론과 함께 가장 그럴듯하게 배란 은폐를 설명한 이론으로 살아남았다. 그러나 이 두 이론은 사실상 정반대의 논리를 펴고 있다. 아비 재택 이론은 은폐된 배란이 아비와 자식의 혈연관계를 분명하게 하여 일부일처제를 강화시킨 것으로 본 반면에, 아비 다수 이론은 배란 은폐가 아비와 자식의 관계를 헷갈리게 함으로써 일부일처제를 결딴냈다고 보았다. 그렇다면 도대체 어느 이론이 정확한 것일까.

그 해답을 찾기 위해 스웨덴의 생물학자 버지타 실렌-툴버그는 영장류를 대상으로 배란의 은폐 여부가 짝짓기 방식에 미치는 영향을 연구했다. 이를 토대로 해서 실렌-툴버그는 우리의 조상이 난교(亂交)를 하거나 일부다처의 하렘(harem)에서 살 때 배란이 은폐되었으며, 일단 은폐된 배란이 진화되면서부터 일부일처제가 자리를 잡은 것으로 유추했다. 다시 말해서 여자들이 배란 은폐를 진화시킨 목적은, 처음에는 남자들의 유아 살해로부터 자식을 보호하는 데 있었으나 나중에는 원하는 사내를 골라서 그를 집에 붙잡아 두는 쪽으로 바뀌었다는 것이다.

실렌-툴버그에 따르면, 아비 재택 이론과 아비 다수 이론은 둘 다 배란 은폐의 기원을 밝힌 이론으로서 유효하다. 단지 인류 진화의 역사에서 부분적으로 서로 다른 시기를 설명하고 있을 따름이다. 아무튼 오늘날의 여성들은 아득한 먼 옛날에 인류의 암컷들이 배란 은폐를 통해서 이루어 낸 위대한 성 혁명의 유산을 만끽하면서 사내들과 힘겨루기에 여념이 없는 것이다.

오르가슴의 기원

2

　　사람들은 심리적이건 육체적이건 성적 자극을 받으면 성기뿐만 아니라 전신에 일정한 변화가 나타난다. 성교가 시작되기 전부터 종료될 때까지 성적 자극으로 인해 일어나는 신체적 변화를 성 반응(sexual response)이라고 한다. 성 반응은 남녀노소에 따라 다르고 같은 사람일지라도 상황에 따라 변화무쌍하다. 더욱이 성행위는 두 사람 사이에 은밀하게 이루어지기 때문에 제3자가 성 반응을 과학적으로 관찰하고 연구한다는 것은 엄두도 내지 못할 일이었다.

인간의 성 반응 주기

성 반응 연구의 어려움을 단적으로 보여 주는 사례는 행동주의 심리학을 창시한 미국의 존 왓슨(1878~1958)이다. 그는 1917년에 자신과 여자를 계측 장비에 연결해 놓고 성교 도중에 발생하는 생리적 반응을 기록하였다. 그러나 그 여자는 아내가 아니었다. 결국 그는 이혼 법정에서 망신을 당했으며 교수직을 잃게 되었다.

이와 같이 불가능해 보이는 성 반응 연구에 도전하여 완벽에 가까운 결과를 내놓은 인물은 미국의 윌리엄 마스터즈(1915~2001)와 버지니아 존슨(1925~)이다. 산부인과 의사인 마스터즈는 1954년부터 연구를 시작했는데, 심리학자인 존슨은 조수로 참여했다가 나중에 아내가 되었다. 이들은 뜻밖에도 많은 사람들이 자발적으로 협조한 덕분에 남자 312명과 여자 382명을 대상으로 성 반응을 연구했다.

4부 · 섹스의 진화

마스터즈 부부는 측정 장치를 부착한 694명에게 실제로 성교와 수음을 시키고 무려 1만 회 가까이 성 반응 주기를 관찰했다. 1966년 마스터즈 부부는 10여 년간의 연구 결과를 집대성한 『인간의 성 반응 *Human Sexual Response*』을 내놓았다. 이 책은 20세기 성과학이 거둔 최대 성과의 하나로 평가되고 있다.

인간의 성 반응 주기는 흥분, 고조, 오르가슴, 해소의 네 단계를 거친다. 유럽 묘지의 에로틱한 조각 작품

마스터즈와 존슨에 따르면, 인간의 성 반응 주기는 흥분, 고조, 오르가슴 및 해소의 네 단계를 거친다. 성적 자극을 받으면 자율신경이 흥분하여 성기의 혈관이 충혈된다. 그 결과 남성은 음경이 발기되고 여성은 질이 점액을 분비하여 축축하게 젖어들면서 입구가 확대된다. 흥분기가 지나서 고조기로 접어들면 흥분이 높은 수준에서 수 분 동안 지속되다가 마침내 오르가슴에 이르게 된다. 해소기에는 성적 흥분이 사라지면서 음경은 위축되고 질은 원상으로 되돌아간다.

오르가슴은 극단적 쾌감을 불러내는 성적 경험의 절정 상태이다. 남자의 경우 오르가슴이 임박하면 항문 괄약근의 수축이 0.8초 간격으로 시작되고, 근육 수축에 따라 발생하는 세찬 압력에 의해 정액이 단숨에 요도를 통과하여 음경 밖으로 사출된다. 또한 전신에 분포되어 있는 신경이 흥분하고 근육의 경련이 일어난다. 오르가슴은 성기 따위에서 발생하는 국부적 현상이 아니라 성적 흥분에 의해 극도로 긴장된 전신의 근육과 신경이 단번에 이완되는 바로 그 순간의 상태인 것이다.

오르가슴은 사정할 때 느끼게 마련이다. 그러나 사정이 오르가슴과 반드시 일치하는 것은 아니다. 허리 아래가 마비된 신체장애자도 가끔 음경이 발기해서 극치감을 느끼지는 못할망정 사정하는 수가 있고, 사정 능력이 없는 사춘기 이전의 소년들이 오르가슴을 느낄 수도 있기 때문이다. 요컨대 남자의 오르가슴은 반드시 사정의 결과라고 말할 수 없는 것이다.

여자는 오르가슴이 다가오면 질의 바깥쪽 3분의 1이 부풀어 오르고, 오르가슴에 도달하면 이 부위의 근육이 2~4초 동안 수축하면서 근육 경련을 일으킨다. 남자처럼 항문 괄약근과 함께 질이 0.8초 간격을 두고 수축을 거듭한다. 이러한 율동적인 수축은 오르가슴을 한 번 경험할 때마다 대개 3~15회쯤 되풀이된다.

성교를 하지 않고 오르가슴 얻는 방법

오르가슴은 남녀가 성교할 때 맛보는 것이 정상적이다. 그러나 성교 이외의 행위에 의해 오르가슴을 얻을 수 있는 방법이 적어도 네 가지가 있다. 이른바 비성교 오르가슴에는 자발적 오르가슴, 수음, 이성 간 또는 동성 간의 신체 자극에 의한 오르가슴이 있다.

자발적 오르가슴은 대개 사춘기 시절에 잠을 자면서 꿈을 꿀 때 경험하게 된다. 어떠한 직접적인 물리적 자극이 없는 상태에서 자발적으로 나타나는 오르가슴이다.

남녀 공히 절반 이상이 첫 경험하는 오르가슴은 상대가 필요 없는 수음으로 획득된다. 손으로 성감대를 자극하여 손쉽게 극치감을 이룰 수 있기 때문이다. 남성의 음경 아랫면, 여성의 질과 음핵 (클리토리스) 따위의 성기뿐 아니라 젖꼭지, 입술, 항문, 귓구멍 등 트인 부분과 그 주변이 성적 자극에 민감한 성감대로 손꼽힌다. 남자는 손으로 음경을 자극하는 방법을 애용하지만 여자는 다양한 방법으로 수음을 즐긴다. 대부분 손가락을 질의 내부에 삽입하는 대신에 음핵을 문지른다.

이성 간에 성교를 하지 않고 오르가슴에 도달하는 방법은 매우 다양하다. 아고스티노 카라치의 〈님프, 사티롯, 푸토〉

이성 간에 성교를 하지 않고 오르가슴에 도달하는 방법은 매우 다양하다. 손으로 상대방의 성감대를 자극하거나 음경을 질 이외의 부위에 비비면서 사정한다. 구강 성교와 항문 성교도 방법이 된다. 구강 성행위에는 음경을 핥는 펠라티오(fellatio)와 음문을 핥는 쿤닐링구스(cunnilingus)가 있다. 항문 성교는 동성애하는 남자들의 전유물로 여기기 쉽지만 적어도 10퍼센트의 미국 가정주부가 정기적으로 남편의 성기를 항문에 삽입시키고 있다는 놀라운 통계가 나와 있다. 동성 간에 상대방을 자극하여 오르가슴을 경험할 때에는 남자는 주로 항문 성교를 하며 여자는 음핵을 손으로 자극한다.

클리토리스 진화의 패러독스

이와 같이 성교 이외의 행위로 오르가슴에 도달할 수 있는 방법은 한두 가지가 아니다. 반드시 성교에 의해서, 그리고 반드시 성교만으로 오르가슴을 느낄 수 있는 것은 아니라는 사실은 오르가슴이 반드시 생식에 필요한 기능이 아닐 수 있음을 시사하고 있다.

특히 여성의 경우 오르가슴과 성교의 분리는 오르가슴의 기능에 대해 많은 논의를 불러일으켰다. 왜냐하면 여러 학자에 의해 여자들이 질보다는 음핵으로 더 자주 오르가슴을 느끼는 것으로 확인되었기 때문이다. 예컨대 알프레드 킨제이(1894~1956)가 1953년에 발표한 「킨제이 보고서」에서는 대부분의 미국 여자들이 성교 도중에 음핵을 자극하지 않고서는 절정감을 느낄 수 없었음을 밝혀냈다. 1976년에 셰어 하이트(1942~)가 내놓은 「하이트 보고서」에 따르면, 3천 명의 미국 여자 중에서 79퍼센트가 음핵을 자극하는 수음을 즐겼으며 성교시에 오르가슴을 얻는 빈도는 겨우 30퍼센트에 머물렀다. 두 보고서를 통해 미국의 대다수 여성들이 수음이건 성교이건 음핵의 자극 없이는 오르가슴에 도달하기 어려웠음을 확인할 수 있다.

음핵은 크기, 형태, 위치에 큰 차이가 있지만 영장류 암컷은 거의 모두 갖고 있다. 사람의 경우 태아의 동일 조직이 호르몬에 의해 음경 또는 음핵으로 분화된다. 태아의 다리 사이에 있는 조직이 수직으로 뻗어 나서 음경이 되거나 수평으로 움푹 들어가서 음핵이 된다. 따라서 음경과 음핵은 똑같이 성적 자극에 민감하다. 그러나 그 기능은 완전히 다르다. 음경은 생식을 위해 없어서는 안 되지만 음핵은 생식에 쓸모가 없고 오로지 성적 쾌감을 위해서 존재할 따름이다.

음핵에 의한 오르가슴은 생물 진화의 개념에서 볼 때 하나의 패러독스가 아닐 수 없다. 진화는 다른 개체보다 자손을 더 많이 생산하려는 유기체 사이의 경쟁으로부터 비롯되기 때문에 성적 쾌감 또한 생식의 성공을 위해 진화되지 않으면 안 된다. 이러한 논리는 남자에게 제대로 적용된다. 남자의 성적 쾌감은 성교 도중에 음경이 생식을 위해 필요한 정자를 사출할 때 정점에 도달하기 때문이다. 이러한 맥락에서 여자의 성적 쾌감 역시 임신을 시도하는 행동인 성교가 진행되는 질을 통해 획득되어야 마땅하다. 그러나 여자들은 생식에 직접적인 기여를 하지 못하는 음핵을 자극하여 오르가슴을 맛본다.

오르가슴은 적응인가 우연인가

질보다는 음핵에 의존하는 여성 오르가슴의 특이성 때문에 오르가슴의 기원을 놓고 학자들 사이에 의견이 분분하다. 동물학자인 데스먼드 모리스(1928~)는 화제작인 『털 없는 원숭이 *The Naked Ape*』(1967)에서 여자의 오르가슴은 두 가지 측면에서 이득이 있으므로 진화되었다고 주장한다.

첫째, 오르가슴은 한 쌍의 남녀관계를 결속시켜 준다. 성교 도중에 여자들이 오르가슴을 통해 남자 못지않은 수준으로 성적 쾌감을 보상받는다면 여자들은 성교할 때마다 짝에게 적극적으로 협력할 것이다. 이러한 여자에게 매료된 남자는 바람을 덜 피우게 되므로 오르가슴은 부부관계를 강화하고 가정을 유지하는 데 도움이 된다.

둘째, 오르가슴은 임신 가능성을 크게 높여 준다. 여자가 걸을 때 질의 각도는 거의 수직에 가깝다. 따라서 성교 직후에 여자가 서서 움직이면 대부분의 정액이 질 밖으로 나와서 허벅지로 흘러내린다. 이런 상황에서 정액을 질 속에 담아 두려면 남자가 사정을 마치고 성교를 끝낸 뒤에 여자가 수평 자세를 유지할 필요가 있다. 여자를 누워 있게 하려면 성적으로 만족해서 일어나고 싶은 생각이 나지 않도록 해야 한다. 여자가 기진맥진해서 녹초가 될 만큼 격렬한 오르가슴을 느끼면 피로하고 졸음이 와서 계속 누워 있을 것이다. 결국 정액이 질 밖으로 덜 흘러나오기 때문에 수정될 기회가 상당히 높아질 수밖에 없다. 이런 맥락에서 인간이 주로 밤에 성교를 하고 곧장 잠들기를 좋아하게 된 이유가 설명될 수 있다.

오르가슴이 일거양득의 이점을 갖고 있다고 주장하는 모리스의 견해는 오르가슴을 인간이 환경에 적절히 대처하기 위해 진화시킨 적응의 산물로 보고 있는 것이다.

그러나 오르가슴을 적응의 결과가 아니라 우연의 산물이라고

살짝 열린 입술, 발그레한 볼. 다나에는 홀로 사랑에 빠져 있다. 구스타프 클림트의 〈다나에〉

보는 학자들도 있다. 대표적인 인물은 도널드 시몬스이다. 그는 1979년에 펴낸『인간 성의 진화 *The Evolution of Human Sexuality*』라는 책에서 음핵을 남자의 젖꼭지에 비유했다. 남자의 젖꼭지는 여자의 그것과는 달리 무용지물이다. 그러나 여자의 젖꼭지가 아이에게 젖을 빨리는 중요한 기능을 가졌다는 이유 하나만으로도 남자에게 젖꼭지가 달려 있을 수밖에 없는 것이다. 왜냐하면 젖꼭지는 그 기능이 어떻든 남녀에게 똑같이 주어진 신체 기관의 일부이기 때문이다. 다시 말해서 여자의 젖꼭지가 없어서는 안 되기 때문에 남자의 젖꼭지가 덤으로 붙어 있다는 것이다.

　시몬스는 젖꼭지의 논리를 음핵에 적용했다. 음핵은 음경과 함께 태아의 같은 조직에서 분화되었다. 음경은 사정으로 오르가슴을 달성하는 생식기로 진화되었다. 말하자면 음경은 적응의 산물이다. 그러나 음핵은 생식을 위해 성교에 개입하지는 못하면서 오르가슴을 제공한다. 요컨대 음핵은 생식을 위해 진화되지는 않았지만 음경 덕분에 덩달아 오르가슴 기능을 갖게 된 우연의 산물이다. 시몬스의 논리에 따르면, 남자의 젖꼭지나 여자의 음핵은 이성의 몸에 있는 짝의 기능이 진화되었다는 단순한 이유만으로 존재하게 된 진화의 부산물인 셈이다.

임신 가능성을 높여 준다

1981년 인류학자인 사라 홀디는 모리스와 시몬스의 주장을 일축하는 이론을 발표했다. 여성의 오르가슴과 생식이 분리된 까닭을

223

유아 살해에서 찾은 이론이다. 여자가 젖을 먹이는 동안에는 아이를 갖지 못한다. 배란이 되지 않아서 아무리 성교를 하더라도 임신이 불가능하기 때문이다. 따라서 남자들은 자신의 자식을 갖지 않은 여자의 어린애를 보면 곧잘 살해했다. 잔인한 수컷으로부터 새끼를 보호하기 위해 연약한 암컷이 생각해 낸 전략은 가능한 한 많은 수컷들이 그녀의 아이를 자신의 새끼로 여기도록 만드는 것이었다. 이를 위해 개발한 무기는 배란의 은폐와 적극적인 성행동이었다. 배란기를 모르고 성교를 함에 따라 수컷들은 암컷의 새끼가 자신의 자식일 수 있다고 착각하게 되었다.

암컷이 여러 수컷들과 생식보다는 성교 자체를 즐기기 위해 필요로 한 것은 성교에서 받는 보상, 즉 오르가슴이었다. 오르가슴은 결국 암컷이 밤낮으로 성교에 탐닉하도록 동기를 부여하기 위해 진화된 것이다. 홀디의 이론은 여성의 오르가슴이 일부일처의 결속보다는 난잡한 성관계를 고무하기 위해서 진화되었다는 측면에서 모리스의 이론과 정반대이며, 암컷이 수컷으로부터 자신이 낳은 새끼를 기르는 데 필요한 양육 투자와 보호를 얻기 위해 진화된 적응의 결과라는 측면에서 시몬스와 의견을 달리하고 있다.

오르가슴의 기원에 대한 이론은 그 밖에도 여러 가지가 더 있지만 오늘날까지 가장 많은 지지를 받는 것은, 오르가슴이 비록 생식과 분리되어 있지만 임신의 가능성을 높여 주고 있음에 틀림없다는 두 개의 이론이다. 하나는 모리스가 제안한 바와 같이 여자를 성교 직후 누워 있게 만들어서 정액의 손실을 줄여 준다는 이론이고, 다른 하나는 오르가슴이 정액을 흡인하는 효과가 있다는 이론이다.

흡인 이론에 따르면, 여자가 오르가슴을 느끼면 자궁이 수축하므로 자궁 내부의 압력이 증가된다. 이러한 압력의 증가로 여자의 신체가 무의식적으로 질에 있는 정액을 더 많이 자궁 안으로 빨아들이기 때문에 수정될 확률이 더욱 높아지게 된다는 것이다.

오르가슴은 문화적 발명품

여성의 오르가슴은 음핵의 물리적 자극에 의해 획득되기 때문에 사랑하지 않는 상대와도 얼마든지 가능하다. 심지어는 강간을 당하면서 오르가슴을 느끼는 여자도 있다고 한다. 또 매춘부들이 오르가슴을 느꼈다는 통계가 있다. 그러나 여성의 오르가슴이 음핵의 생리적 기능 못지않게 여성의 마음에 의해 좌우되는 현상임을 간과해서는 안 될 것이다. 여성의 오르가슴이 문화적 산물임을 보여 주는 사례가 이를 뒷받침해 준다.

여자의 성욕을 죄악시하고 여자를 남자의 성적 노리개로 삼는 문화에서는 여자의 성을 철저히 억압한다. 예컨대 회교가 득세하는 아랍 국가의 여자들은 금욕을 강요받고 있다. 아프리카 일부 부족에는 음핵 절제(clitoridectomy)와 음순 봉합(infibulation)이 광범위하게 퍼져 있다. 음순 봉합은 음핵을 제거하고 주변 조직을 난자한 다음에 상처가 치유되는 과정에서 음순이 서로 붙게 하는 외과적 수술이다.

한편 오르가슴을 남녀가 성취할 수 있는 최선의 쾌락으로 높이 사는 사회에서는 여자의 오르가슴을 소중한 문화의 발명품처럼 다룬다. 남태평양에 위치한 쿡 제도의 하나인 망가이아 섬이 대표적인 보기이다. 이 섬의 여인들은 성교 중에 2~3회의 오르가슴을 만끽한다. 남자가 사춘기에 접어들면 성인이 되는 일련의 의식을 치르는 과정에서 성교 경험이 풍부한 늙은 부인네들로부터 여자에게 최고의 성적 쾌락을 안겨 주는 비법을 실습을 통해 전수받는다. 만일 여자를 성적으로 만족시키지 못하면 그 사내는 섬 사회로부터 신분 상실 등 불이익을 감수해야 된다. 망가이아 섬 사람들은 남녀노소가 선진국의 성의학 전문가 못지않게 성의 본질을 꿰뚫어 보고 있는 것으로 알려져 있다.

여성 불감증은 운명일까

여성이 오르가슴을 느끼는 능력은 개인적으로 큰 차이가 있는 것으로 밝혀졌다. 개인차가 발생하는 이유는 두 가지로 분석되었다. 하나는 유전적인 것이고, 다른 하나는 지-점(G spot)과 관련된 것이다.

2005년 6월, 영국의 팀 스펙터는 유전자를 공유한 여자 쌍둥이 6,000여 쌍을 대상으로 성교할 때와 수음하는 경우 각각에 대해 오르가슴에 도달하는 횟수를 조사하고, 그것을 분석한 결과를 발표하였다.

먼저 성교할 때마다 오르가슴을 경험하는 여자는 14퍼센트에 불과했으며, 한 번도 그런 느낌을 가져 보지 못한 여자도 16퍼센트나 되었다. 스펙터는 쌍둥이 자료를 바탕으로 성교에서 오르가슴을 느끼는 능력에 차이가 나는 이유의 34퍼센트는 유전적인 요인에서 비롯된다고 설명하였다.

수음의 경우, 물론 성교할 때보다 더 자주 오르가슴에 도달하는 것으로 나타났다. 34퍼센트의 여성이 수음할 때마다 오르가슴을 맛보았다고 말했으나, 14퍼센트는 오르가슴을 결코 느낄 수 없었다고 털어놓았다. 스펙터는 이러한 개인차의 45퍼센트는 유전적인 것이라고 분석하였다.

결론적으로 스펙터는 오르가슴에 오르는 능력이 여자마다 다른 까닭은 최고 45퍼센트까지 유전자에 의한 것이라고 설명할 수 있다고 주장하였다. 이러한 연구결과는 오르가슴을 느끼지 못하는 불감증을 일종의 성기능 장애로 간주하는 일반 통념과 충돌하는 셈이다.

2008년 2월, 이탈리아의 엠마뉴엘 자니니는 지-점의 존재를 최초로 입증한 것으로 평가되는 실험 결과를 발표하였다.

지-점은 질구에서 3~4센티미터 안쪽으로 질벽 상부에 발달된 완두콩만 한 달걀 모양의 조직이다. 지-점이 자극을 받아 부풀어 오르면 여성들은 오줌이 나올 듯이 견디기 힘든 기분을 느끼며 오르가슴에 도달한다. 일부 여성은 이 순간에 우유 같은 액체를 요도로 분비한다. 이러한 분비액을 사출하는 현상을 여성 사정이라고 한다.

지-점은 1944년 독일의 산부인과 의사인 에른스트 그뢰펜베르크(1881~1957)가 그 존재를 처음 제안했으며, 1981년 그의 이름을 따서 그뢰펜베르크 점(Gräfenberg spot), 줄여서 지-점이라 명명되었다.

자니니의 실험으로 지-점의 존재가 처음으로 확인됨에 따라 여성의 오르가슴이 질에 의해서도 가능한 이유가 밝혀진 것이다. 바꾸어 말해 질로 오르가슴을 느끼지 못하는 여성은 단지 지-점이 없기 때문인 것으로 해석될 수 있다. 요컨대 질 오르가슴을 한 번도 경험하지 못했다고 해서 그 여자를 성적으로 비정상적이라고 말할 수 없다는 의미이다.

자니니의 연구에 의해 간단하고 신속한 방법으로 지-점을 찾아낼 수 있게 되었다. 물론 지-점이 발견되지 않는다고 해서 절망할 필요는 없다. 음핵의 자극만으로도 얼마든지 오르가슴이 가능하니까.

Tip 우리 몸의 성감대를 조사한 흥미로운 결과가 나왔다. 프랑스의 전문 작가들인 부부가 함께 저술한 『사랑은 감기를 막아주는가? *Love Endorphin 150*』(1997)를 보면, 성기를 제외하고 민감한 정도에 따라 성감대를 열거한다. 가장 민감한 손가락을 20으로 놓고 덜 민감한 순서로 나열하면 다음과 같다.

- 손가락 20
- 입술 19
- 뺨 18.5
- 코 18
- 손바닥 17.5
- 발가락 17
- 이마 15
- 발바닥 12
- 가슴 10
- 배 7
- 어깨와 등 6
- 손목 4.5
- 엉덩이 4
- 팔 2.5
- 종아리 1

사랑하는 사람과 애무를 하면서 각자의
성감대를 직접 확인해 보면 어떨지.

손가락에서 발가락까지 모두 성감대라 할 수 있다.
오귀스트 로댕의 〈영원한 우상〉

정자들은
경쟁한다

3

우리와 공통의 조상을 가진 유인원은 짝짓기 방식이 제 각각이다. 오랑우탄은 혼자서 산다. 암컷보다 몸집이 훨씬 큰 수컷 은 많은 먹거리가 필요하기 때문에 단독 행동이 불가피하다. 따라 서 오랑우탄 수컷과 암컷은 밀림 속에서 따로따로 행동한다. 수컷 은 교미 직후 암컷을 떠나므로 새끼를 돌볼 필요가 없다.

고릴라는 일부다처의 하렘에서 산다. 고릴라의 하렘은 3~6마 리의 암컷으로 구성된다. 수컷은 암컷들이 다른 수컷들과 교미하 지 못하도록 보호할 뿐만 아니라 자식들을 양육한다.

침팬지는 난교를 한다. 암컷은 발정기가 되면 여러 마리의 수컷 과 빠른 속도로 연달아 교미를 즐긴다. 암내 나는 침팬지 암컷은 하루에 열두 마리의 수컷과 60회 정도 교미를 한다.

영장류의 고환

유인원의 교미 체제는 고환의 크기와 직접적인 관계가 있다. 고환은 정자를 생산하는 수컷의 생식기관이다. 사람의 경우 고환 한 쌍의 평균 무게는 약 42.5그램 정도 된다. 사람의 고환을 유인원의 고환과 비교해 보면 고환의 크기가 몸무게와 아무런 관계가 없음을 알 수 있다. 사람보다 몸집이 큰 고릴라의 고환이 사람의 고환보다 작은 반면에, 사람보다 몸집이 작은 침팬지의 고환이 사람의 고환보다 훨씬 크기 때문이다. 몸무게가 200킬로그램 정도 나가는 수컷 고릴라는 침팬지보다 네 배 이상 무겁지만 고환의 무게는 도리어 약 110그램인 침팬지가 고릴라보다 네 배가량 더 무겁다.

몸무게에 대한 고환 무게의 비율을 보면 침팬지가 0.269퍼센트, 사람이 0.079퍼센트이며 오랑우탄과 고릴라가 각각 0.048퍼센트와 0.018퍼센트이다. 침팬지가 사람의 3배인 반면에 사람은 고릴라의 4배이다.

1970년대에 영국 생물학자인 로저 쇼트는 영장류의 고환을 연구하여 두 가지 공통점을 확인했다. 하나는 교미를 자주 하는 종일수록 큰 고환이 필요하다는 것이고, 다른 하나는 몇 마리의 수컷이 한 마리의 암컷과 일상적으로 교미하는 종일수록 특별히 큰 고환을 가진다는 것이다.

암컷 고릴라의 경우 새끼를 낳고서 3~4년 동안 성관계를 갖지

사람은 침팬지 다음으로 큰 고환을 갖고 있다. 그림은 그리스 신화의 디오니소스를 위한 남근 제단이다.

않을 뿐만 아니라, 다시 새끼를 잉태할 때까지 한 달에 오로지 며칠 동안만 수태가 가능하다. 그러므로 여러 마리의 암컷을 거느린 유능한 수컷일지라도 교미를 자주 할 수 없다. 기껏해야 1년에 서너 번밖에 기회가 없는 것이다. 요컨대 수컷 고릴라는 정액을 많이 사용할 필요가 없었기 때문에 유인원 중에서 가장 작은 고환을 갖게

된 것이다.

그러나 수컷 침팬지는 수많은 암컷들과 거의 매일 교미를 할 수 있다. 암컷 침팬지 역시 수많은 수컷과 짝짓기를 한다. 이러한 상황에서는 암컷에게 가장 많은 정자를 주입시키는 수컷이 그 암컷을 임신시킬 수 있는 확률이 가장 높다. 따라서 정자를 생산하는 고환이 커지게 된 것이다.

정자들의 한판 승부

고환의 크기를 통해 유인원의 교미 체제를 설명한 쇼트의 이론을 사람에게 적용해 보면 흥미로운 결론에 도달한다. 인간은 쾌락을 위해 성교를 자주 하므로 오랑우탄이나 고릴라보다 고환이 크지만, 난교보다는 일부일처의 혼인 제도가 보편화되었기 때문에 침

팬지보다 작은 고환을 갖게 되었다고 볼 수 있다.

사람이 침팬지 다음으로 큰 고환을 가졌다는 사실은 인류의 조상이 오늘날의 우리보다 훨씬 더 난잡한 성생활을 영위했을 가능성을 암시하고 있다. 난교의 조건하에서 성공적으로 자신의 유전자를 다음 세대에 보다 많이 남기려면 번식 능력에서 경쟁자를 앞지르지 않으면 안 된다. 다시 말해서 한 여성이 배란기 동안에 한 명 이상의 남성과 성관계를 가졌을 경우에 여러 남성이 여성의 질 속에 내뿜어 놓은 정자들은 서로 먼저 난자를 차지하려고 피나는 싸움을 벌이지 않을 수 없다. 이러한 정자들 사이의 한판 승부를 정자 경쟁(sperm competition)이라 이른다.

정자 경쟁은 1970년 영국 동물학자인 제오프 파커가 곤충의 교미를 통해 처음으로 개념을 정립했다. 정자 경쟁은 거의 모든 동물의 생식 행동에서 나타나는 보편적인 현상으로 확인되었다. 물고기나 양서류처럼 알이 암컷의 몸 밖에서 수정되는 종에서는 여러 마리의 수컷이 암컷 근처에 정자를 방출하면서 정자 경쟁이 시작된다. 난자가 암컷의 생식기관 안에서 수정되는 동물에서는 오로지 암컷이 이중 성교(double mating)를 할 때 정자 경쟁이 일어난다. 암컷이 한 마리 이상의 수컷이 배설해 놓은 정자를 생식기관에 보유하고 있는 상태에서 다른 수컷과 짝짓기를 하는 것을 이중 성교라 한다.

사람의 경우 이중 성교는 강간, 공공연한 일처다부, 은밀한 일처다부의 세 가지 상황에서 발생한다. 강간은 두 가지 방식으로 이중

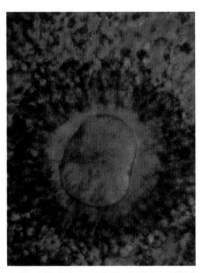
수많은 정자들이 서로 먼저 난자를 차지하려고 경쟁한다.

성교의 결과를 빚어낸다. 하나는 한 남자와 성교하고 5일이 지나지 않아서 다른 남자에게 강간을 당했을 경우이다. 정자는 여자의 생식기관 안에서 5일 정도 생존 가능하기 때문에 두 남자의 정자는 경쟁을 벌이게 된다. 다른 하나는 패거리에게 윤간을 당했을 경우이다. 하나의 난자를 놓고 여러 남자의 정자 사이에 치열한 싸움이 일어날 수밖에 없는 것이다.

공공연한 일처다부의 상황으로는 매춘과 공동 성생활을 손꼽을 수 있다. 창녀들은 짧은 간격을 두고 여러 사내의 정액을 받아들이기 때문에 그들의 아랫도리는 정자들의 싸움터가 된다. 물론 사내들이 콘돔을 사용할 경우는 예외이다. 공동 성생활에는 티베트에서처럼 형제들이 한 여자를 아내로 공유하거나, 부부들이 서로 합의하에 아내를 바꿔치기하거나, 섹스 파티(orgy)에서 혼음을 하는 따위의 비정상적인 형태가 있다.

은밀한 일처다부는 대개 여자의 혼외정사나 혼전 성교의 경우에 해당된다. 유부녀가 외간 남자와 간통을 하거나, 혼기를 앞둔 처녀가 결혼 상대로 물망에 오른 여러 총각과 잠자리를 할 때 정자 경쟁은 불가피하다.

카미카제 정자의 뜨거운 동료애

사람의 정자는 그 생김새가 다양한데, 가장 흔한 것은 위에서 보면 달걀 모양이지만 옆에서 보면 노처럼 생긴 머리와, 채찍처럼 기다란 꼬리를 갖고 있다. 크기는 머리가 0.005밀리미터, 꼬리가 0.045밀리미터이다. 정자의 머리에는 남자 염색체의 절반에 해당하는 23개의 염색체가 빽빽하게 들어차 있다. 정자가 여자의 질 속에 배출되면 수많은 정자들은 대오를 이루면서 꼬리를 사용하여 목표물인 난자를 향해 함께 헤엄친다. 수영 속도는 분당 3밀리미터이다. 한 번 사정할 때 정액의 양은 평균 3밀리리터이며, 이 안에 2억~5억 마리의 정자가 들어 있다.

정자들은 자궁의 목 부분, 즉 자궁경부에 있는 점액을 뚫고 자궁 속으로 나아간다. 이 점액은 끈적끈적한 덩어리이기 때문에 정자들이 뚫고 지나가기가 무척 힘들다. 따라서 겨우 2백 마리의 정자가 난자의 세포막에 도달한다. 이들은 머리에 들어 있는 효소를 방출하여 난자의 세포막을 녹인다. 궁극적으로 억세게 운이 좋은 한 마리가 난자 안으로 들어가면 정자는 용해되고 유전물질만 남게 되어 수정이 된다. 바로 그 순간에 난자의 세포막에는 재빠른 변화

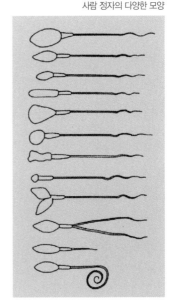

사람 정자의 다양한 모양

가 일어나서 다른 정자가 들어오지 못하도록 한다. 정자와 난자의 염색체가 융합된 수정란이 분열을 개시하면 새로운 생명체가 형성되는 것이다.

정자는 얼핏 보아서 모두 정상적인 것 같지만 정액에는 수정에 부적합한 비정상적인 정자가 의외로 높은 비율로 섞여 있다. 머리가 두 개이거나 꼬리가 두 개인 정자가 부지기수이다. 사실상 정상적인 정자는 극소수이고 대부분은 불량품이다.

생물학자들은 임신에 부적합한 정자들을 쓸모없는 자연의 실패작이라고 생각했다. 그러나 정자들이 모두 반드시 수정 능력을 가질 필요가 없다는 이론이 나왔다. 1988년 영국의 생물학자인 로빈 베이커와 마크 벨리스는 비정상적인 세포가 정자 경쟁과 수정의 전 과정에서 중요한 역할을 수행하는 것을 입증한 카미카제 정자(kamikaze sperm) 이론을 발표했다.

이 이론에 따르면 정자는 맡은 역할에 의해 두 종류로 구분된다. 하나는 난자와 수정하는 능력을 가진 극소수의 정자이고, 다른 하나는 동료 정자가 수정에 성공하도록 도움을 주기 위해서 스스로 희생하기 때문에 제2차 세계대전 당시 일본군의 카미카제(神風) 특공대원에 비유되는 대다수의 정자들이다.

카미카제 정자에는 봉쇄 정자와 살생 정자의 두 종류가 있다. 봉쇄 정자는 난자가 있는 곳으로 향하는 길목에 전략적 요충지를 점령하고 다른 남자의 정자가 여자의 질 속으로 들어오는 것을 방지하기 위해 장벽을 만든다. 불량품 정자들은 못생긴 머리를 함께 조아리거나 기형의 꼬리를 휘감아서 입구를 봉쇄하는 마개를 형성하는 것이다. 다시 말해서 이 마개는 일그러진 모양으로 죽은 정자들이 엉겨 붙어 굳어진 것이다. 짝짓기 후에 정자들이 암컷의 질을 봉인하는 교미 마개는 초파리, 뱀, 박쥐, 원숭이 등 대부분의 동물에서 발견되었다. 교미 마개는 일종의 정조대인 셈이다.

한편 살생 정자들은 여성 생식기의 내부를 배회하면서 다른 남자의 정자를 수색하고 스스로 분비하는 매우 치명적인 효소를 사용하여 경쟁자를 섬멸하거나 무력화시킨다. 요컨대 카미카제 정자 이론에 따르면 정자들은 분업을 통해 경쟁자를 물리치는 고도로 진화된 전략을 갖고 있다.

남자들이 수음하는 이유

1990년 베이커와 벨리스는 정자 경쟁이 인간의 진화에 영향을 미친 증거로 남자가 정자의 수를 조절하여 사정하는 능력, 남자의 수음 행위, 여자의 오르가슴을 제시했다.

이들은 정상적인 성생활을 영위하는 여러 쌍의 부부들을 골라서 남자들에게 성교를 하는 동안에 콘돔을 착용시켜 정액을 수거했다. 분석 결과는 남자가 방출하는 정자의 수가 성행위의 여건, 이를테면 상대 여자에 대한 신뢰도와 밀접한 관계가 있음을 보여 주었다.

정사를 나눈 뒤에 상대를 가까이 두고 많은 시간을 함께 보낸 부부일수록 같이 지낸 시간에 반비례해서 그만큼 남자가 방출한 정자의 수가 줄어든 반면에, 정사 후에 오랫동안 떨어져 있던 여성이

혹시 외간 남자와 놀아났을지 모른다는 불안감을 가진 남자일수록 많은 정자를 내뿜은 것이다. 다시 말해서 남자들이 정자 경쟁의 적 신호를 눈치 챘을 때에는 물량 작전으로 경쟁자를 격퇴하기 위해 성교 동안에 정자의 수를 조절하여 사정하는 놀라운 능력을 갖고 있음이 확인되었다.

베이커와 벨리스는 정자 경쟁 이론으로 수음 행위가 함축한 생물학적 의미의 설명을 시도했다. 남자의 수음은 정자를 낭비하므로 생식에 보탬이 되지 않음에도 불구하고 거의 모든 남성이 탐닉하는 행위이기 때문에 생물학자들이 풀지 못한 수수께끼의 하나였다. 남자들은 대개 3일가량 성교를 하지 않으면 수음으로 성욕을 해소하게 마련이다. 수음을 하고 1~2일 지나서 성교를 하면, 수음을 하지 않고 성교를 했을 때보다 더 적은 수의 정자를 내놓는다.

그러나 여자의 몸 안에 유지되는 정자의 수에는 큰 차이가 없음이 확인되었다. 다시 말해서 수음 직후 성교시에 방출된 정자가 그렇지 않은 경우의 정자보다 특별히 경쟁력이 앞선 것으로 나타났다. 그 이유는 정자가 남자의 몸 안에 보존되는 기간과 관련이 있다. 정자는 남자의 생식기관에 저장되는 기간에 제한을 받기 때문에 성교 도중이건 수음을 통해서이건 사정될 때 오래된 정자부터 먼저 방출되고 싱싱한 정자는 보존된다. 수음 직후 사정된 정자가 경쟁력을 갖게 된 까닭이다.

정자 경쟁에서 승리하려면 항상 젊은 정자를 지니고 있어야 한다. 따라서 성교를 오랫동안 못할 경우에 정자 경쟁의 끊임없는 위협에 직면한 사내들은 노쇠한 정자를 내버리고 싱싱한 정자를 상비하기 위해 수음을 하는 도리밖에 없다. 베이커와 벨리스의 논리에 따르면 수음이 반드시 백해무익한 몹쓸 짓만은 아닌 성싶다.

오르가슴으로 정자 빨아들여

정자 경쟁 이론은 여자의 오르가슴이 진화된 이유를 독특하게 설명한다. 남자가 내놓은 정자의 일부는 플로백(flowback)으로 빠져나간다. 정액과 여성의 분비물이 혼합된 하얀 구슬을 플로백이라 한다. 사정 후 30분쯤 지나서 주로 소변을 볼 때 3~8개의 구슬이 질 밖으로 나온다. 원숭이, 토끼, 참새 등 포유류와 조류의 암컷은 모두 플로백을 내놓는 것으로 확인되었다.

사람의 플로백에는 정자의 3분의 1가량이 들어 있는 것이 정상이다. 그러나 정자가 플로백으로 많이 빠져나가서 여자의 몸속에 조금밖에 남아 있지 않은 경우가 있다. 베이커와 벨리스는 플로백에 포함되는 정자의 수에 영향을 미치는 요인으로 오르가슴을 적시했다.

여자가 남자보다 훨씬 먼저 오르가슴에 도달하거나 또는 전혀 절정감을 느끼지 못한 경우에는 비교적 적은 수의 정자를 보유한다. 그러나 남자가 사정하는 순간, 또는 그 후에 여자가 극치감을 맛보면 비교적 많은 수의 정자를 몸에 지니게 된다. 오르가슴에 이르면 자궁 내부의 압력이 상승하여 질에 있는 정액을 더 많이 자궁 안으로 빨아들이기 때문에 정자가 몸속에 많이 남게 되는 것이다.

따라서 이중 성교를 했을 경우 여자가 정자 경쟁의 심판 노릇을 할 수 있다. 한 남자와는 오르가슴을 만끽해서 그의 정자를 몸속에 많이 보유하고, 다른 남자와는 건성으로 성교를 해서 그의 정자가 대부분 플로백으로 나가게 하면 정자의 수가 많은 쪽이 자신의 난자를 수정시킬 확률이 높아지기 때문이다. 요컨대 여성의 오르가슴은 정자 경쟁이 남성뿐 아니라 여성의 진화에도 작용했음을 보여 주는 좋은 증거이다.

1996년 베이커 박사는 카미카제 정자 이론을 일반 대중에게 널리 알릴 목적으로 『정자 전쟁Sperm Wars』을 펴냈다. 다양한 상황의 성행위를 세밀하게 묘사하여 베스트셀러가 되긴 했지만 우리나라 같았으면 외설 시비의 도마에 오를 소지가 없지 않은 이 책에서, 베이커는 1980년대 후반에 영국에서 태어난 아이의 4퍼센트가 정자 경쟁을 통해 임신된 것으로 추정했다. 25명에 한 명꼴의 아이가 그들 어머니의 생식기 안에 들어와 있는 다른 사내의 정자를 친부의 정자가 물리친 덕분에 잉태되었다는 의미이다. 이중 성교가 흔한 나라의 이야기일 테지만 우리나라의 남자들 역시 정자 경쟁의 대가를 치르지 않고서는 자손을 퍼뜨릴 수 없는 날이 다가오고 있음을 암시하는 불길한 통계는 아닐는지.

사랑은
뇌로 한다

1

　　사람의 성기관 중에서 가장 큰 것은 무엇일까. 이 질문을 받은 사람들은 대개 배꼽 아래를 생각하기 십상이다. 발기한 음경을 연상하기 때문이다. 그러나 정답은 페니스가 아니라 뇌이다.

로맨틱한 사랑과 뇌의 활동

뇌의 구조와 기능은 제대로 밝혀지지 않은 부분이 많지만 다양한 설명이 시도되었다. 1973년 미국의 폴 매클린(1913~)은 3부뇌(triune brain) 가설을 발표했다. 매클린은 도마뱀에서부터 다람쥐에 이르기까지 동물의 행동을 연구한 끝에 사람의 뇌가 진화 과정에서 차례대로 발달한 세 부위로 구성되어 있다는 결론에 도달했다. 3부

뇌 모형에 따르면, 뇌는 파충류형 뇌, 변연계, 신피질의 세 부분이
상호 연결되어 있다.

파충류는 3억 년 전에 지구상에 출현하여 2억 년 전에 하등의 포
유류로 진화되었기 때문에 사람의 파충류형 뇌는 약 2~3억 년 전
에 발달된 것으로 추정된다. 파충류형 뇌는 인간의 생존에 기본적
인 호흡이나 섭식과 같은 일상적 행동의 조정에 관여하는 기능을
갖고 있다.

파충류형 뇌를 둘러싼 부분은 하등 포유류의 뇌와 비슷한 변연
계이다. 변연계는 시상, 시상하부, 해마, 뇌하수체 등으로 구성된
다. 각 부위는 제각기 특정의 정서 반응과 관련된다. 예컨대 시상
하부는 성욕을 일으키며 성호르몬의 분비를 조절한다. 뇌하수체는
시상하부로부터 신호를 받으면 성선 자극 호르몬(gonadotropin)을
방출한다. 이 호르몬은 난소나 고환을 자극하여 성호르몬을 분비
시킨다.

포유류가 진화되어 영장류가 출현함에 따라 인간의 뇌에는 마지
막으로 신피질이 발달하였다. 파충류형 뇌와 변연계가 사람의 동

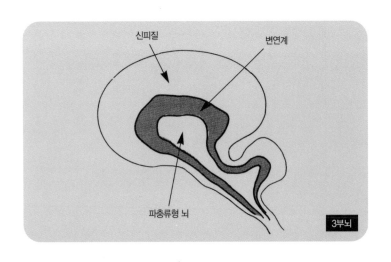

3부뇌

물적 본능을 지배하는 원시적 뇌라면, 뇌의 90퍼센트를 점유하는 신피질은 원시적 뇌를 통제하여 인간적 이성을 지배하는 기능을 갖고 있다.

따라서 이성의 힘이 순간적으로 약화될 때마다 원시적 뇌가 주도권을 잡게 되며, 인간은 원시적 뇌에 고정된 공격성, 잔인성, 성욕 따위의 충동에 휘말려 살인까지 서슴지 않는다. 인간이 두 얼굴을 갖게 된 연유이다.

미국 인류학자인 헬렌 피셔(1945~)는 그녀의 저서 『우리는 왜 사랑하는가Why We Love』(2004)에서 로맨틱한 사랑은 뇌 안의 특정한 화학물질에 의해 발생하는 인간의 보편적 감정이라고 전제하고, 로맨틱한 사랑을 할 때 뇌 안에서 특별히 두 부위가 가장 활성화된다고 주장하였다.

하나는 미상핵(caudate nucleus)이다. 대뇌 속 깊숙이 자리 잡은, 긴 꼬리를 갖고 있는 모양인 미상핵은 파충류형 뇌의 일부이므로 가장 원시적인 부위인 셈이다. 로맨틱한 감정이 클수록 미상핵은 더 활성화된다.

미상핵은 뇌의 보상시스템(reward system)의 핵심 부분이다. 포유류의 뇌는 음식, 음주, 섹스, 자식의 양육 등 지속적 생존을 위해 필수적인 행동을 규칙적으로 해 나갈 수 있도록 보상으로 쾌락을 제공하는 일련의 신경세포 집단을 갖고 있다. 보상시스템은 정서작용과 관련되는 변연계에 주로 위치하고 있으며 뇌의 여러 부위에 연결되어 있다.

다른 하나는 보상시스템의 중심 부위인 복측 피개 영역(ventral tegmental area)이다. 이 부위(VTA)에서는 도파민(dopamine)을 생산하여 미상핵 등 다른 영역으로 공급한다. 신경전달물질인 도파민은 뇌의 쾌감중추에서 기쁨과 행복을 불러일으킨다. 도파민은 음식을 먹거나 성관계를 가질 때처럼 쾌감을 느낄 때 분비된다.

피셔는 애인 사진을 볼 때 남녀의 뇌 활동을 관찰하고, 뇌의 쾌감중추가 마약을 복용했을 때처럼 행복감을 느끼는 도파민으로 가득 찬 것을 발견했다. 이제 막 사랑에 빠진 사람들은 애인 생각만 해도 도파민이 분비되어 짜릿한 행복감에 도취되고 성욕에 불이 붙게 된다.

페닐에틸아민과 엔도르핀

미국의 약리학자인 마이클 리보비츠의 『사랑의 화학 *The Chemistry of Love*』(1983)에 따르면, 상대방에게 얼이 빠지는 사랑의 첫 단계에서는 페닐에틸아민(PEA)이 변연계를 가득 채우며, 남녀가 애착을 느끼는 사랑의 두 번째 단계에서는 엔도르핀(endorphin)이 뇌 안에 흘러넘친다.

변연계의 신경세포가 PEA에 의해 포화되어 뇌가 자극을 받을 때 상대방에게 홀린 듯한 느낌을 갖게 된다. PEA는 신경세포의 정보 교환을 촉진시키는 화학 분자이며 천연의 암페타민(amphetamine)이다. 암페타민은 중추신경을 자극하는 각성제이다. 요컨대 PEA는 암페타민처럼 뇌를 자극하기 때문에 연인들은 행복감에 도취되

246

며 활기가 넘칠 뿐 아니라 밤새 마주 보고 앉아서도 지칠 줄 모르며 몇 시간이고 되풀이해서 성교를 즐기게 되는 것이다.

또한 PEA는 스릴을 느낄 때 더 많이 분비된다. 이 사실은 사람들이 위기에 처할수록 더 사랑에 빠지게 되는 이유를 설명하는 데 보탬이 된다. 이를테면 전시의 로맨스는 극적인 요소가 많다. 부모의 반대에 직면하면 사랑은 더욱 불타오른다. 스릴 넘치는 위기는 일종의 최음제인 셈이다.

남녀가 상대에게 애착을 느낄 때 나타나는 엔도르핀은 몸 안에서 분비되는 모르핀(endogeneous morphine)이라는 뜻이다. 모르핀은 양귀비에서 추출되는 가장 강력한 진통제이다. 엔도르핀은 PEA처럼 뇌에 있는 신경전달물질이지만, PEA와는 달리 통증을 억제하며 마음을 가라앉힌다. 리보비츠에 따르면, 애착을 느끼는 단계에 있는 연인들은 서로가 엔도르핀의 생산을 자극한다. 엔도르핀의 분비로 평온하고 안정된 느낌을 공유하기 때문에 연인들은 평화롭게 대화하고 식사하며 잠들 수 있다. 또한 엔도르핀은 어머니가 갓난아이를 안고 귀여워할 때 아이의 몸 안에 흘러나온다. 따라서 아이들은 행복하고 평화로운 느낌을 갖게 되며 사랑의 기쁨을 배우게 된다.

사랑을 뇌에서 분비되는 화학물질의 작용으로 설명한 리보비츠 박사의 이론은 논란의 소지가 적지 않다. 사랑은 마음에서 비롯된다는 고정관념에 배치되기 때문이다. 물론 누구를, 언제, 어떻게 사랑할 것인지를 결정하는 주체는 마음이다. 그러나 일단 특정 상

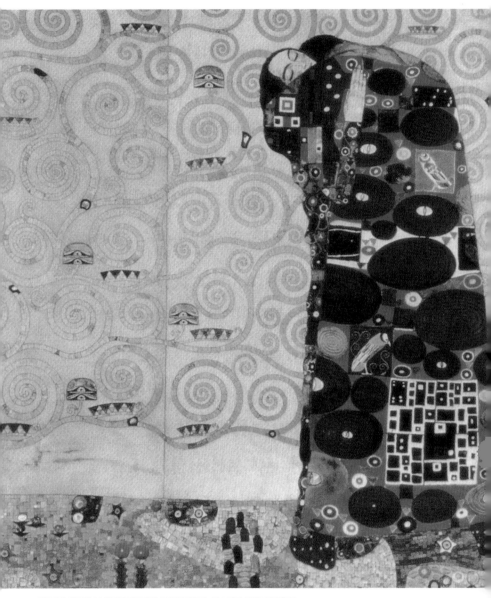

로맨틱한 사랑은 뇌 안의 화학물질에 의해 발생한다. 구스타프 클림트의 〈충족〉

대를 선택한 뒤에 사랑의 감정을 느끼게 하는 역할은 뇌 안의 PEA 나 엔도르핀 같은 화학물질이 떠맡는다. 요컨대 사랑은 정신문화의 소산임과 동시에 생물학의 문제인 것이다.

다시 말하자면 생물학적 관점에서 사랑은 선택이 아니라 필연이다. 종의 보존을 위해 사랑은 필수적이기 때문이다. 자식을 사랑하는 부모라야 자식의 생존을 위해 헌신하므로 인류의 진화 과정에서 사랑이 종의 보존을 위해 자연선택된 것으로 볼 수 있다. 이러한 맥락에서 여자의 자식 사랑은 사회학자들의 주장처럼 후천적으로 학습한 역할임과 동시에 선천적으로 타고난 성향이라 할 수 있다.

세로토닌과 옥시토신

한편 2004년 헬렌 피셔는 『우리는 왜 사랑하는가』에서 인간의 사랑은 욕망, 로맨틱한 사랑, 장기간의 애착 등 세 개의 독립된 감정으로 구성되며, 이러한 감정들은 단계적으로 또는 동시에 일어날 수 있다고 주장하였다. 요컨대 한 사람이 동시에 오래 함께 지낸 상대를 사랑하면서, 다른 사람과 로맨틱한 사랑을 나누고, 제3자에게 성적 욕망을 느끼는 것이 가능하다는 것이다. 이러한 감정은 제각기 발전하여 욕망은 성교 행위로, 로맨틱한 사랑은 부부관계로, 장기간의 애착은 자식의 출산과 양육으로 귀결된다고 보았다.

섹스를 하고 싶은 욕망에 사로잡힐 때에는 뇌 안에서 도파민을 비롯해서 세로토닌(serotonin), 옥시토신(oxytocin), 바소프레신(vasopressin) 등 화학물질에 변화가 발생한다. 이어서 특정한 상대와 로맨틱한 사랑에 빠질 때에는 세로토닌의 분비에 큰 변화가 나타난다. 사랑의 마지막 단계인 장기간의 애착 상태는 옥시토신의 분비가 가장 활성화될 때이다.

세로토닌은 몸 안에 10밀리그램 정도가 존재하며, 이 중 1퍼센트만이 뇌 안에서 신경전달물질로 작용한다. 나머지 99퍼센트는 위장에 머물며 소화 기능을 돕는다. 세로토닌은 뇌에서 정보를 전달할 뿐만 아니라 기분에도 영향을 미친다. 뇌 안에 세로토닌 수치가 높아지면 기분이 좋아진다.

사랑에 빠진 사람들은 강박신경증(OCD) 환자처럼 하루 종일 한 가지 일, 곧 애인을 그리워하는 일에만 몰두한다. 강박신경증은 특정한 행동을 끊임없이 반복함으로써 정신적 안정감을 느끼는 행동장애이다. 강박신경증 환자는 뇌 안에 세로토닌이 부족하다. 특히 연애 초기의 사람들은 강박신경증 환자처럼 세로토닌 수치가 평균보다 40퍼센트 이상 낮은 것으로 밝혀졌다. 요컨대 화학적인 측면에서 사랑에 빠진 사람은 강박신경증 환자와 매우 비슷한 정신 상태인 셈이다.

옥시토신은 시상하부에서 합성되어 뇌하수체를 통해 혈류로 방출되는 호르몬이다. 아이의 울음소리가 들리면 어머니의 몸에서는 옥시토신이 분비되기 시작하며 그 결과 젖꼭지가 꼿꼿이 서게 되므로 당장 젖을 먹일 채비를 갖추게 된다. 또한 옥시토신은 아이를 낳을 때 자궁을 수축시켜 태아의 분만을 용이하게 한다.

이 밖에도 옥시토신은 성생활에서 중요한 역할을 한다. 옥시토신은 부드러운 근육을 자극하고 신경을 예민하게 하므로 여자들은 남자를 꼭 껴안고 싶은 충동에 사로잡히게 된다. 성교를 끝내고 남자는 여자를 밀쳐 내려 하는 반면 여자는 계속 포옹을 요구하는 이유가 어느 정도 설명된다.

성적 흥분이 강렬할수록 옥시토신이 더 많이 분비되기 때문에 성교 도중에 쾌감은 더욱 증대된다. 옥시토신은 성기의 신경을 자극해서 오르가슴에 도달하도록 하는 것으로 짐작되고 있다. 여자들이 남자들과는 달리 국부보다는 전신으로 오르가슴을 즐길 뿐 아니라 한 번의 성교로

옥시토신이 분비되면 여자들은 남자를 포옹하고 싶은 충동에 사로잡힌다. 11세기 인도의 에로틱한 석조물

여러 차례 오르가슴을 맛보는 까닭은 옥시토신의 혈중 농도가 남자보다 훨씬 높기 때문이다.

출산을 하고 나서 여자들이 가끔 분만 도중에 오르가슴처럼 짜릿한 쾌감을 느꼈다고 털어놓는다. 출산 전에는 불감증으로 고생하던 부인들도 아이를 낳은 뒤에 오르가슴을 더 쉽게 달성했다고 말한다. 아이에게 젖을 먹이는 동안에 오르가슴에 버금가는 쾌감을 맛보았다는 여인들도 적지 않다. 요컨대 옥시토신은 여자가 아이를 낳고, 갓난아이를 포옹하고, 젖을 먹이고, 남편과 성교할 때 분비되어 쾌감을 높여 주고 있는 것이다.

출산과 수유 등 모성애와 직결된 호르몬이 오르가슴과 관련되어 있다는 사실은 시사하는 바가 적지 않다. 왜냐하면 여성의 생식 행위와 성행위에 옥시토신이 개입하고 있는 것은 여자가 종의 보존을 위해 기여할 경우에 그 보답으로 성적 쾌락이 보장되었다는 의미를 함축하고 있기 때문이다. 자연은 진실로 현명한 것 같다. 이런 의미에서 모성애는 반드시 무조건적인 사랑은 아니다.

바소프레신은 갈증과 요의(尿意)를 제어한다. 바소프레신은 성적으로 흥분했을 때나 성교를 할 때 높은 농도로 분비된다. 따라서 섹스를 할 때는 요의가 감소되므로 화장실에 자주 가지 않게 된다.

오르가슴에 50여 화학물질 작용

섹스를 하는 과정에서 여러 종류의 화학물질이 역할을 한다. 먼저 성적인 자극을 받으면 뇌 안의 도파민 수치가 올라간다. 그와 동시에 쾌감이 증진되고 남성호르몬인 테스토스테론의 분비가 촉진된다. 테스토스테론의 혈중 농도가 높아지면 성욕도 강해진다.

섹스를 하게 될 것이라는 기대만으로도 남성은 바소프레신의 혈중 농도가 5~10배가량 높아진다. 바소프레신은 테스토스테론의 성욕 촉진 작용을 지원한다. 여성의 경우도 성적인 자극을 받으면 바소프레신의 분비가 증가한다. 그와 동시에 옥시토신이 분비된다. 옥시토신의 농도가 올라가면 여성의 몸은 성관계가 용이한 상태가 된다.

남녀 모두 섹스를 앞두고 혈압이 올라가고 심장이 빨리 뛰기 시작하며 호흡이 가빠진다. 남자들은 성기가 발기되어 팽창한다. 여자들은 여성호르몬인 에스트로겐의 분비가 증가하면서 질이 촉촉해지고 젖가슴이 커지며 유두가 단단해진다. 이제 남녀의 몸은 오르가슴에 오를 채비를 갖추게 된 셈이다.

성행위를 하는 동안 남녀 모두 옥시토신의 혈중 농도가 올라간다. 옥시토신의 분비량이 최대치에 이르면 오르가슴에 이르게 된다. 남성은 성기를 자극하고 2~3분이면 오르가슴에 도달하지만, 여자는 5~20분이 걸린다. 오르가슴은 남자에게 10초 정도 지속되지만, 여자에게는 10~90초 이상 지속된다.

오르가슴에 도달하면 도파민과 엔도르핀의 분비량이 최고조에 이르러 형언할 수 없이 황홀한 행복감을 맛보게 된다. 물론 남녀가 오르가슴의 절정감을 느끼게 하는 데 관여하는 화학물질은 50여 가지가 넘는다.

· 최음제는 수없이 많다

Tip 리보비츠 박사는 상사병에 걸리거나 우울증에 빠진 여자들이 초콜릿을 집중적으로 먹는 이유를 설명했다. 초콜릿에 함유된 PEA 때문이라는 것이다. 모든 사람이 PEA 가설에 동의하는 것은 아니지만 초콜릿이 가진 최음 효과를 부정하지는 않는다.

초콜릿을 신이 내린 선물로 숭배한 멕시코 아즈텍 제국의 마지막 황제는

6백 명의 여자를 거느린 하렘을 방문하기 전에 정력을 보강하기 위해 하루에 50컵의 초콜릿을 마셨다. 이와 같이 성욕을 항진시키고 성 능력을 강화하며 페니스의 발기력을 높이는 작용이 있다고 믿는 식품이나 물질을 최음제 또는 미약이라 한다. 한의학에서 회춘약 또는 보약이라고 불리는 것들이다.

최음제의 종류는 인류 역사를 통틀어 작은 백과사전을 채울 정도로 많다. 사실상 모든 음식이 최음제로 생각될 만큼 다종다양하다. 남자들은 정력에 좋다면 아무것이나 먹어 치우기 때문이다. 먼저 식물로는 당근, 부추, 마늘, 아스파라거스, 인삼, 양파, 감자 따위가 모두 최음제로 각광을 받는다. 장시간 음경 발기를 지속시키는 요힘빈(yohimbine)은 아프리카의 나무껍질로 만드는 고전적 최음약이다.

동물로는 사슴 뿔, 곰 쓸개, 물개 성기, 하마 코, 거위 혀 등이 정력제로 애용되었으나 그 효능에 대해서는 의견이 분분하다. 그러나 가뢰에서 채취된 화학물질인 칸다리딘(cantharidin)은 과용하면 지속발기증(priapism)을 일으킬 정도로 대단한 최음제이다. 성욕과 무관하게 페니스가 계속 발기되어 있는 증상을 지속발기증이라 한다.

가뢰는 한방에서 반묘(斑貓)라 불리는 까만 갑충이다. 19세기 후반에 북아프리카에 주둔한 프랑스 병사들이 늪에서 개구리를 잡아먹고 나서 페니스가 강철처럼 발기되는 바람에 혼쭐이 난 적이 있었다. 군의관들은 개구리의 위장에서 가뢰의 찌꺼기를 발견했다. 군복 바지 속에서 꿈틀거리는 페니스를 잠재우기 위해 전전긍긍하는 프랑스 군인들과 오늘날 동남아시아로 비행기를 타고 가서 정력에 좋다는 갖가지 동물을 먹어 치우는 우리의 이웃 남자들의 꼬락서니가 겹쳐 떠오르는 것은 어인 일일까.

사랑의 냄새

2

코는 생존의 측면에서 눈과 귀 못지않게 중요하다. 코를 막으면 우선 호흡이 곤란해진다. 호흡은 일생에 두 번, 태어날 때와 죽을 때를 빼고는 공기의 입출로 이루어진다. 태어날 때 처음으로 숨을 들이쉬고 죽을 때 마지막으로 숨을 내쉰다.

뇌로 냄새를 맡는다

우리는 숨을 쉴 때마다 냄새를 맡는다. 우리는 냄새의 홍수 속에 살고 있다. 돌이나 유리처럼 상온에서 증발하지 않는 물체는 냄새를 맡을 수 없지만, 공기 중에 미립자를 흩뿌릴 수 있을 정도의 휘발성 물질은 모두 냄새를 풍긴다.

사람의 코는 약 1만 가지의 냄새를 구별할 수 있다. 숨을 들이쉬면 공기 중에 떠 있는 냄새 분자가 콧구멍을 통해 비강(鼻腔) 안으로 흘러 들어간다. 냄새를 최초로 탐지하는 후각 계통은 양쪽 비강의 위쪽에 자리한 황갈색의 점막이다. 점액, 즉 콧물 덕분에 축축한 얇은 막은 후각상피이다. 후각상피의 면적은 약 2.5제곱센티미터에 불과하지만 냄새를 감지하는 뉴런(신경세포)이 5백만 개가 있다. 후각이 예민한 개는 2억 2천만 개로 인간보다 44배나 많다.

이러한 후각세포는 뇌를 구성하는 뉴런과 유형이 같다. 그러나 뇌의 뉴런은 평생 동안 교체되지 않는 반면에 코의 뉴런은 1~2개월마다 재생된다. 후각세포가 매일 들이마시는 공기와 낯선 물질로 손상되기 때문에 이를 교체하는 메커니즘이 진화된 것으로 보인다.

후각 뉴런의 한끝은 비강 쪽으로 나와 있고, 다른 끝은 뇌로 연결된다. 비강 쪽으로 나온 끝에는 섬모라 불리는 솜털이 달려 있는데, 이 섬모의 표면에는 냄새 수용기가 들어 있다. 사람은 1천 개의 상이한 냄새 수용기를 갖고 있다. 공기와 직접 접촉하는 수용기 세포는 냄새 자극이 포착되면 이를 전기 신호로 바꾼다. 전기 신호는 후각 뉴런의 다른 끝을 통해 후구(嗅球)로 전달된다. 코의 바로 위에 아늑하게 자리 잡은 후구는 뇌에서 후각 정보가 지나가는 최초의 중계소이다. 후구는 변연계에서 가장 오래된 부위이다. 변연계는 성적 충동, 공포, 분노 따위의 정서 반응과 관련된 여러 부위로 구성된다. 후구는 변연계로 가는 신경과 연결되어 있으므로 냄새 신호는 변연계를 이루는 여러 부위로 들어간다. 변연계를 거친 신호는 후각피질로 퍼지게 되며 사람은 비로소 냄새를 지각하게 된다.

냄새는 의사소통의 신호로 사용된다. 로렌스 앨머 태디마의 〈비밀〉

페로몬으로 의사소통

후각은 여느 감각보다 수억 년 앞서 35억 년 전에 나타난 것으로 짐작된다. 주화성(chemotaxis)이라 불리는 박테리아의 기능에서 비롯되었다고 보는 것이다. 생물이 특정한 화학물질의 농도에 반응하여 이동하는 성질을 주화성이라 한다. 박테리아는 영양 물질에는 다가가지만 해로운 물질로부터는 멀리 움직이려는 주화성을 갖고 있다.

대부분의 동물에게 후각은 생존에 필수적인 본능으로 진화되었다. 가장 예민한 후각을 가진 동물은 개나 다람쥐처럼 냄새 분자가 가라앉은 땅에 코를 바짝 댄 채 기어 다니는 짐승이다. 경찰견은 사람이 몇 시간 전에 다녀간 방에서 그 사람의 체취를 맡는다. 다람쥐는 몇 달 전에 묻어 둔 도토리를 찾아낸다.

곤충 역시 냄새를 잘 맡는다. 뇌 세포의 절반이 후각에 동원될 정도이다. 모기는 잠든 사람이 내뿜는 이산화탄소를 감지하여 흡혈 대상을 발견한다. 수나비는 몇 킬로미터 떨어진 암나비의 냄새를 따라 집에 도착한다. 물고기도 후각능력을 필요로 한다. 연어는 부화를 위해 가야 할 그 먼 곳의 물 냄새를 맡을 수 있다.

동물은 또한 교묘한 방식으로 자신의 독특한 냄새를 남긴다. 들쥐는 발바닥에 오줌을 뿌려 영토를 거닐 때 그 냄새가 흙에 섞이도록 한다. 족제비는 자신의 흔적을 남기기 위해 항문을 땅에 끌면서 다닌다. 열대우림에서 개미들은 선발대가 남긴 냄새를 따라 일렬로 행진한다. 외출에서 돌아온 어미 박쥐가 동굴 안에서 새끼를 찾는 단서는 제 새끼가 지나간 길의 냄새밖에 없다. 암캐가 발정하여 암내를 풍기면 이웃의 수캐들이 몰려온다.

이와 같이 냄새는 동물이 짝을 유인하는 번식 행동에서부터 새끼를 확인하거나 영토를 표시하는 일에 이르기까지 의사소통의 신호로 사용된다. 같은 종의 다른 개체에게 정보를 전달하기 위해 동물의 몸에서 분비되는 화학물질을 통틀어 페로몬(pheromone)이라 한다.

페로몬이라는 용어는 1959년에 만들어졌지만 페로몬에 해당되는 최초의 화학 신호가 확인된 것은 1930년대이다. 독일 화학자인 아돌프 부테난트(1903~1995)는 누에나방의 암컷이 분비하는 유인 물질을 연구하여 그 구조를 발견했다. 암나방이 분비하는 화학물질은 극소량일지라도 수 킬로미터 밖의 수컷들이 털을 부들부들 떨면서 달려오도록 유혹할 정도로 강력한 성 페로몬이다. 부테난트는 공로가 인정되어 1939년에 36세의 젊은 나이로 노벨상을 받았다.

페로몬 연구에 기여한 또 다른 인물은 독일의 동물학자인 카를 폰 프리슈(1886~1982)이다. 1973년 노벨상을 받았으며 꿀벌 연구로 유명하다. 꿀벌, 개미, 장수말벌 등의 사회성 곤충은 페로몬을 사용하여 복잡한 분업을 수행한다.

제6감각은 존재하는가

페로몬이 번식 행동에 심대한 영향을 미치는 사례는 콧속에 서골

비(鋤骨鼻)기관(vomeronasal organ, VNO)이라 불리는 제2의 후각 계통을 갖고 있는 동물에서 확인된다. VNO는 서골 위에 위치한 한 쌍의 움푹 파인 곳인데 양서류, 파충류, 대부분의 포유류에서 발견된다. 뱀을 보면 혀를 빈번히 날름거려 주변의 화학 신호를 포착한 다음 VNO로 식별한다. VNO는 성 페로몬을 탐지하는 데 사용되므로 성적인 코(sexual nose)라 불린다. 코 안에 VNO라는 성적 기관이 들어 있다는 뜻이다.

포유류의 경우, 생쥐 수컷의 VNO를 수술로 제거하면 암컷 위로 올라타기는커녕 암컷의 생식기에서 나는 냄새조차 맡으려 하지 않는다. 새끼를 밴 생쥐가 뱃속 새끼의 아비가 아닌 수컷의 오줌 냄새를 맡을라치면 즉시 유산을 한다. 암퇘지는 수퇘지의 타액에서 페로몬의 냄새를 맡으면 조건반사적으로 등을 둥그렇게 만들고 엉덩이를 단단하게 하면서 음부를 내놓고 교미 자세를 취한다. 발정한 암퇘지의 질에서 쏟아지는 점액을 모조품에 발라 두면 수퇘지가 그 위로 올라타기도 한다.

사람의 코에 VNO가 없다는 주장은 오랫동안 학계의 정설이었다. 그러나 일부 학자들은 VNO의 존재를 끈질기게 주장하였다. 사람의 VNO는 300여 년 전에 처음으로 학계에 소개되었다. 1703년 네덜란드 군의관이 얼굴을 다친 병사로부터 VNO 구조를 발견했다고 주장한 것이다. 1891년 프랑스 의사는 환자 2백 명 가운데 25퍼센트에서 VNO를 보았다고 보고했다.

그러나 1930년대에 한 해부학자가 VNO는 태아에서 발견되지만 출생하면서 곧 사라진다고 주장한 뒤부터 해부학 교과서에서 사라졌다. 현대 의학은 인간에서는 VNO를 찾아볼 수 없으며 설령 있다손 치더라도 기능을 발휘하지 못하는 퇴화 기관에 불과하다고 보았다. 따라서 VNO의 탐지 대상인 페로몬이 사람에게는 있을 수 없다는 결론에 도달했다.

그런데 1986년부터 상황이 바뀌었다. 두 명의 미국 학자가 사람의 콧구멍으로부터 약 1센티미터 뒤쪽에서 VNO로 보이는 0.1밀리미터가량의 구멍을 두 개 발견했다고 주장했기 때문이다.

사람이 VNO를 갖고 있다는 사실이 입증된다면 그것이 함축하는 의미는 실로 놀라운 것이 아닐 수 없다. VNO는 사람 사이에서 무의식적으로 지나가는 화학 신호, 이를테면 성적 행동에 개입하는 페로몬을 탐지할 터이므로 성적 기관으로서의 중요한 역할을 할 것임에 틀림없다. 다시 말해서 페로몬은 보거나 듣거나 맛보거나 느끼거나 맡거나 할 수 없는 화학 신호이므로 페로몬을 탐지하는 VNO의 존재로 인간은 5감에 이어 제6의 감각을 갖게 되는 셈이다.

겨드랑이에서 나는 땀 냄새

사람이 분비하는 페로몬은 아직까지 밝혀지지 않았다. 그러나 페로몬이 사람에게 영향을 미치는 것으로 판단되는 사례는 몇 차례나 관찰되었다.

같은 기숙사에 동거하는 여자 대학생들이나 한 집에 사는 모녀

키스는 연인들의 체취를 교환하는
행위라고 할 수 있다. 헤이즈의 〈키스〉

또는 자매는 같은 기간에 생리를 하는 경우가 흔하다. 미국의 마사 맥클린톡은 여성들의 생리 기간을 일치시키는 데 영향을 미치는 원인을 연구했는데 식사, 나이, 생활방식, 정신적 긴장 상태 따위로는 설명이 불가능했으며 그들이 함께 보낸 시간의 양이 유일한 요인임을 밝혀냈다. 많은 시간을 함께 보내면서 가깝게 지낸 사이일수록 생리 기간이 일치되는 경향이 두드러졌던 것이다. 1971년 연구 결과를 발표하면서 맥클린톡은 여자끼리 주고받는 페로몬이 여자의 생리를 조절했을 것으로 유추했다.

1986년 맥클린톡의 가설을 뒷받침하는 실험 결과가 나왔다. 여자 열 명의 코에 다른 여자의 겨드랑이에서 나온 땀을 규칙적인 간격으로 발라 주었는데, 석 달 만에 열 명의 여자들이 땀의 주인과 같은 시기에 생리를 시작했다. 그러나 땀 대신에 알코올을 코에 발라준 여자들은 생리 주기에 변화를 보이지 않았다. 땀에 들어 있는 화학물질이 생리 기간을 일치시키는 데 영향을 미쳤음이 분명하다.

이 실험에서 겨드랑이의 땀을 사용한 까닭은 페로몬의 효과를 가진 화학 신호를 분비할 장소로 아포크린(apocrine)샘이 가장 가능성이 높기 때문이다. 일반적으로 인간은 강한 체취를 지니고 있다. 체취는 털이 많은 피부 안에 있는 피지선(皮脂腺)과 아포크린샘에서 분비되는 땀에서 비롯된다. 겨드랑이와 불두덩 주변에서 칙칙하게 자라는 털은 냄새를 퍼뜨리는 심지 노릇을 한다. 눈썹이나 젖꼭지를 중심으로 전신에 걸쳐 넓게 퍼져 있는 피지선에서는 냄새가 자극적인 지방질의 화합물을 분비한다. 아포크린샘은 피지선과 달리 특정한 부위, 이를테면 털이 특별히 집중된 겨드랑이와 사타구니에 위치한다. 아포크린샘의 분비물은 처음에는 별다른 악취가 없지만 피부의 박테리아가 작용하면 몇 시간 뒤에 오줌 냄새를 풍기게 된다.

어쨌거나 겨드랑이에서 나는 냄새는 연인들을 황홀하게 만드는 수단으로 사용되었다. 예컨대 나폴레옹은 그의 연인인 조세핀에게 "내일 저녁 파리에 도착할 테니 목욕을 하지 마오."라고 전갈을 보냈다. 여자의 옆구리에서 나는 냄새가 남자 안의 동물을 사로잡은 것이다. 영국의 엘리자베스 여왕 시대에는 연인들이 이른바 사랑의 사과를 교환했는데, 부인들은 껍질을 벗긴 사과를 겨드랑이에 끼워 두었다가 땀에 흠뻑 젖으면 꺼내서 애인에게 주어 그 냄새를 맡도록 했다. 오늘날 발칸 반도의 일부 지역에서는 축제 동안에 남자들이 겨드랑이에 손수건을 넣고 다니다가 춤을 추는 상대에게 건네주는 풍속이 전해지고 있다.

같은 맥락에서 키스를 연인들이 체취를 교환하는 행위로 간주할 수 있다. 화학 신호를 주고받기 위해 키스가 진화되었을는지 모른다는 뜻이다. 키스를 할 때 상대의 얼굴 냄새를 맡고 애무하면서 쾌감을 맛보게 마련이다.

성욕 자극하는 향수

사람은 고등 영장류 중에서 가장 냄새가 많이 난다. 역겨운 땀 냄새는 물론이고 하루에 275cc의 방귀를 뀐다. 체취를 없애기 위해

향수에 대한 인류의 집착은 그 역사가 꽤 길다. 이브 생 로랑의 향수 광고

목욕을 하고 털이 자라나지 못하게 면도하거나 향수를 바른다.

향수는 메소포타미아에서 시작되었다. 신에게 제물로 바친 동물을 태울 때 나는 냄새를 누그러뜨리기 위해 향을 사용한 것이 그 시초이다. 향수에 대한 인류의 집착은 그 역사가 꽤 길다. 고대 이집트인들은 종교 의식에서 많은 양의 향수와 향을 아낌없이 사용했고, 특히 클레오파트라는 머리에서 발끝까지 향수를 뿌렸다. 고대 로마에서는 남녀를 불문하고 향수로 목욕했는데 신체의 부위별로 다른 향을 발랐다. 고대 일본에서 기생은 향수 사용량에 따라 화대를 달리 받았다. 조세핀은 제비꽃 향의 향수를 종종 뿌렸는데, 그녀가 죽었을 때 나폴레옹은 무덤에 제비꽃을 심었다고 한다.

향수의 원료 중에서 가장 오래된 것은 사향이다. 히말라야 산맥의 수풀에 사는 사향노루 수컷의 배꼽 근처에 있는 향낭에서 채취하는 사향과 에티오피아에 사는 사향고양이 수컷의 사타구니에서 분비되는 사향이 유명하다. 사향은 남성호르몬인 테스토스테론과 너무 흡사해서 여성의 성욕을 자극한다. 사향 냄새를 맡은 여자들은 호르몬의 변화가 일어나서 월경 주기가 짧아지고 배란이 잦아지면서 임신의 확률이 높아진다.

실험실에서 여러 가지의 향을 혼합하여 제조한 최초의 향수는 1922년 선보인 샤넬 No.5이다. 현재 상품화되어 있는 향료는 세계적으로 천연향은 1천 5백여 종, 인공합성향은 3천~6천여 종에 이른다. 특히 VNO의 존재를 확신하는 사람들은 합성 페로몬이 포함되었다는 향수를 만들어 큰 돈벌이를 기대하고 있다.

독일 작가 파트리크 쥐스킨트의 소설 『향수Das Parfum』(1985)의 주인공은 조향사이다. 아무런 체취를 타고나지 않았지만 아주 예민한 후각을 가진 주인공은 최고의 향수를 만들려는 욕망에 사로잡혀 스물다섯 명의 어린 소녀들을 차례로 살해한다. 이 소설에는 다음과 같은 대목이 나온다.

"인간의 가슴속으로 들어간 냄새는 그곳에서 관심과 무시, 혐오와 애착, 사랑과 증오의 범주에 따라 분류된다. 냄새를 지배하는 자, 바로 그가 인간의 마음도 지배하게 되는 것이다."

Tip 남자의 몸 냄새가 여자들의 배우자 선택에 무의식적으로 영향을 끼치는 것으로 나타났다. 2001년 과학자들은 여자가 유전적으로 적합한 짝을 고를 때 남자의 몸 냄새가 어떤 역할을 하는지 밝혀냈다. 남자들의 체취가 밴 티셔츠를 여자들에게 나눠 주고 코로 맡도록 했는데, 여자들은 주조직 적합성 복합체(MHC · major histocompatibility complex)의 유전자가 자신과 다른 남성의 티셔츠 냄새를 더 좋게 평가했다.

모든 세포의 표면에 붙어 있는 MHC 분자는 면역체계로 하여금 병원균과 세포를 구분하게 하는 단백질이다. MHC 유전자가 다양할수록 면역력이 강한 사람이라고 할 수 있다.

MHC 분자는 규칙적으로 교체되어 못쓰게 된 것은 분해되어 땀으로 배출된다. 여자들은 남자 티셔츠의 땀에서 MHC 냄새를 맡고 자신과 유전적으로 다른 남성의 체취를 더 선호한 것으로 밝혀진 것이다. 여자들이 무의식적으로 자신과 다른 MHC를 가진 남자를 짝으로 선택함으로써 근친 간의 성관계로 문제아가 태어날 위험을 사전에 예방한 것이라고 설명된다.

2007년 1월 미국 뉴멕시코 대학의 크리스틴 가버–애프가 교수는 유전적으로 유사한 부부들의 경우, 아내들이 성적으로 덜 충실하다는 연구결과를 발표했다. 부인들은 MHC가 다른 외간 남자에게 더 끌리는 것으로 나타났다. 가령 부부의 MHC 유전자가 50퍼센트 동일하면 아내가 바람을 피울 확률은 50퍼센트라는 것이다.

키스는
왜 할까

3

　　사람의 입은 음식을 먹고 담배를 피우는 일에서부터 말
하고 휘파람을 부는 일에 이르기까지 하는 일이 무척 많다. 입의
활동 중에서 가장 인기가 높은 것은 키스이다.

어머니 키스에서 프렌치 키스까지
사람들은 우호적인 인사를 건넬 때나 사랑을 확인할 때 상대방의
신체 부위에 입을 맞춘다. 이마, 머리털, 뺨, 눈, 어깨, 가슴, 입술
또는 혀에 키스를 한다. 따라서 키스의 종류는 어머니 키스에서 프
렌치 키스까지 한두 가지가 아니다. 어머니의 키스는 아기와 엄마
를 이어 주는 끈이 되어 주며, 아기가 엄마의 품속에서 진정한 자

유를 느낄 수 있게 해 준다. 프렌치 키스는 사랑하는 남녀가 애무를 하면서 입을 벌리고 혀를 깊숙이 섞는 키스이다. 그 밖에도 혀로 귀를 애무하는 고등 키스, 깜박거리는 속눈썹을 피부에 대면서 하는 나비 키스, 페니스의 귀두에 입술을 대는 캔디 키스가 있다.

모든 키스는 행해지는 그 순간 두 사람의 관계를 규정짓는다. 서양의 경우 입술 위에 하는 키스는 처음에는 존경, 우정, 사랑을 표현하는 인사의 한 형태로 연인들 사이뿐만 아니라 부모와 자식, 친구 그리고 왕과 신하 사이에 이루어졌다. 중세, 특히 11∼12세기에는 가신이 봉건 영주에게 충성을 서약할 때 입술 위에 하는 키스로 존경을 표시했다. 그러나 인사로서 입술 위에 하는 키스는 르네상스 시대부터 점진적으로 사라지게 되었으며 그 자리는 사랑의 의미를 담은 키스로 채워졌다. 요컨대 르네상스가 시작되면서 인사를 위한 키스, 가족 간의 애정을 표현하기 위한 키스, 교회에서 주고받는 종교적 키스는 모두 사라지거나 그 의미가 모호해진 반면에 '사랑과 성적 관계를 나타내는 키스만이 살아남았다.

16세기부터 19세기에 이르는 400여 년 동안, 성스러움을 탈피한 세속적인 풍속이 나타나기 시작했는데, 키스도 예외는 아니었다. 입술 위에 하는 키스의 공식적인 기능이 모습을 감추게 됨에 따라 가족, 친구 또는 서로 신분이 다른 사람들 사이에서는 서로 포옹하면서 뺨과 뺨을 맞대고 인사를 하는 반면에 입술을 맞대는 키스는 연인들의 전유물로 바뀌게 된 것이다.

혀를 섞고 키스하는 이유는

서구에서 키스는 일상적인 행위이지만 인류의 모든 문화권에서 입맞춤이 보편화된 것은 아니다. 찰스 다윈은 『인간과 동물의 정서 표현*The Expression of the Emotions in Men and Animals*』(1872)에서 "우리 유럽인들은 애정의 징표로서 키스 행위에 너무나 익숙해져서 그것을 인류의 천부적인 행동으로 여긴다. 그러나 그것은 사실이 아니다. (중략) 어쨌든 이 관습은 뉴질랜드 원주민, 타이티 원주민, 파푸아족, 오스트레일리아 원주민, 아프리카의 소말리아족 그리고 에스키모들에게는 알려지지 않은 것이다."라고 적고 있다.

영국의 인류학자인 브로니슬라브 말리노프스키(1884~1942)는 1929년에 펴낸 저서에서, 유럽인들이 키스라고 이해하는 행위가 트로브리안드 군도의 원주민에게는 미지의 것이라는 사실을 제시했다. 그리고 남태평양에 있는 망가이아 섬 사람들은 남자가 사춘기에 접어들면 늙은 부인네들이 실습을 통해 여자에게 성적 쾌락을 안겨 주는 비법을 전수할 정도로 열정적이지만, 1700년대에 유럽인들이 들이닥칠 때까지 쾌락의 원천인 키스에 관해서는 아무것도 모르는 상태였다.

인간 생태학의 선구자인 이레노이스 아이블-아이베스펠트 (1928~)는 1970년에 펴낸 『사랑과 미움 *Liebe und Hass*』에서 인류의 10퍼센트가량이 사랑의 표현으로 입술을 접촉하지 않는다고 주장했다. 이 비율을 현재 세계 인구에 적용하면 6억 5,000만 명이 키스의 달콤한 맛을 모른 채 사랑과 섹스를 즐기고 있는 셈이다.

이와 같이 키스가 본능적 행위가 아니고 문화적 산물이라면 언제 어느 곳에서 무슨 이유로 비롯되었는지 궁금하지 않을 수 없다. 키스의 기원에 대해서는 여러 가지 설이 있다. 많은 인류학자들은 키스가 사랑하는 사람의 냄새를 확인하는 수단으로 시작되었다고 주장한다. 에스키모 부족인 이뉴잇이나 태평양의 마오리나 폴리네시아 등의 문화권에서는 입술 대신에 코를 비비는 것을 선호한다.

다윈은 말레이시아에서 행해지는 코 비비는 키스를 다음과 같이 묘사한다. "여자들이 머리를 뒤로 젖히고 쪼그리고 앉았다. 내 수행원들이 여자들의 머리와 맞닿게 기대서서 코를 비비기 시작했

프렌치 키스는 먼 옛날 인류의 조상이 어머니의 젖을 먹는 행위로부터 유래되었다는 주장도 있다. 키스를 주제로 파블로 피카소가 말년에 그린 작품이다.

다. 우리의 진심 어린 악수보다 시간이 더 오래 걸렸다. 그러는 동안 그들에게서는 희열의 신음소리가 새어 나왔다."

그러나 입으로 하는 키스, 특히 남녀가 혀를 섞는 프렌치 키스가 시작된 이유로는 설득력이 떨어진다. 1973년 영국의 동물학자인 데스먼드 모리스가 가장 그럴듯하게 프렌치 키스의 유래를 설명하였다.

모리스는 몇 백만 년 동안 어머니가 아기의 젖을 떼기 위해 입으로 음식을 씹어 입술과 입술의 접촉을 통해 아기의 입에 넣어 준 행위로부터 프렌치 키스가 유래되었다고 주장한다. 젊은 연인들이 혀를 섞어 상대의 입을 탐색하면서 인류의 조상들이 어머니로부터 입술의 접촉으로 먹을 것을 받아먹던 편안함을 즐긴다는 것이다.

모리스는 한 걸음 더 나아가서 입술로 성기를 접촉하는 구강 성교는 퇴폐적인 서양 사회가 현대에 와서 발명한 것이 아니라, 수천 년 동안 많은 문화권에서 보편화된 성행위라고 주장하였다. 그는 젖먹이들이 어머니의 유방을 빨 때 경험한 입의 쾌감과 상대방의 성기를 빨 때 느끼는 입의 쾌감이 밀접한 관계를 갖고 있기 때문에 구강 성교가 비롯되었다고 설명했다. 젊은 연인들이 상대방의 음경이나 음핵에 키스를 할 때 어머니의 젖을 빨던 쾌감이 강력하게 되살아나므로 구강 성교에 탐닉하게 될 수밖에 없다는 것이다.

그러나 먼 옛날 인류의 조상이 어머니의 젖을 먹는 행위로부터 프렌치 키스와 구강 성교가 유래되었다는 모리스의 주장은 상상력의 소산에 불과할 따름이다. 뉴기니와 남서아프리카의 여인네들은 아직도 입으로 음식을 씹어 아기의 입에 넣어 주는 방법으로 젖을 떼지만, 이들은 유럽인들이 나타날 때까지 키스를 해 본 적이 없었던 것으로 밝혀졌다.

사랑의 키스는 어떻게 하는가

키스가 언급된 가장 오래된 문헌은 기원전 1500년경 인도에서 베다 범어(梵語)로 쓰인 것이다. 남녀가 코를 비비고 누르는 행위가 묘사되어 있는데, 입술로 하는 키스가 생기기 이전에 사랑을 나누던 관습으로 짐작된다. 사랑의 키스는 구약 성경의 「아가」에도 "나의 신부여! 그대 입술에선 꿀이 흐르고, 혓바닥 밑에는 꿀과 젖이 괴었구나."(4:11)라고 언급되어 있다.

키스에 관한 기교를 상세히 소개한 최초의 저술은 『카마 수트라 *Kama Sutra*』이다. 4세기경 바짜야나가 인도 힌두교의 성에 관한 사상을 집대성하여 편찬한 성애학(性愛學)의 경전이다. 고대 인도의 지체 높은 사람들은 다르마, 아르타, 카마의 세 가지를 교양으로 학습하지 않으면 귀족으로서 자격을 인정받지 못하였다. 소년기에는 실리(아르타), 즉 자산의 획득을 위해 힘써야 하고, 청년이 되면 성애(카마)에 전력하고, 노년에는 정법(다르마), 즉 의무 이행에 전심을 기울여야 한다는 것이다. 카마는 남녀 간의 정사, 곧 키스나 포옹과 더불어 행해지는 성교에서 느껴지는 쾌락을 말한다. 사람이 카마의 본질을 이해하고 성취하는 방법을 가르치는 학문이 성애학이며, 기원전 6세기경 바라문의 학자들이 삼림의 깊은 곳에 은거하며 논술한 각종 성애학의 경전을 집대성해 놓은 것이 카마의 길잡이(수트라), 즉『카마 수트라』이다.

『카마 수트라』에는 성교에 관한 각종 기교에서부터 유부녀나 창녀를 희롱하는 방법에 이르기까지 성행위의 모든 것이 묘사되어 있다. 입맞춤의 기교는 제2부 제3장에 나온다. "한 사람이 혓바닥을 상대방의 입 안에 넣고, 그 혀끝으로 이, 윗잇몸, 혀 등을 누르는" 프렌치 키스가 소개된다. 입술로 하는 성교는 제2부 제9장에 나온다. 여자가 입술로 남근을 핥는 펠라티오의 동작이 8단계로 설명되어 있을 정도이다. 가령 제1동작은 "여자가 남근을 손으로 잡고 그 끝을 입술로 물고 얼굴을 좌우로 흔들면서 움직이는" 것이며, 제8동작은 "혀와 입술로 남근을 빨아서 사정의 쾌감에 도달할 때까지 계속하는" 것이다.

또한 남자가 여자의 음부에 키스를 하는 쿤닐링구스도 언급되어 있다. "남녀가 서로 반대쪽으로 누워 서로 성기를 입으로 잡아서" 키스하는 동작은 그 모양이 마치 까마귀가 더러운 물건을 그 부리로 쪼아 먹는 것과 같다고 비유하였다. 그러나 지혜 있는 사람이라면 구강 성교를 절대로 해서는 안 된다고 규정하면서, "개고기가 정력을 증진시키고 몸에 좋다고 하여, 이를 약으로 먹는다고 의학책에서 일컫고 있더라도 지혜 있는 사람이 어찌 이것을 먹겠는가. 그러나 그렇지가 않다. 어떤 부류의 사람들이 이러한 행동을 하는 것은 확실하다."고 언급한 대목이 눈길을 끈다.

인도의 키스 문화는 유럽으로 건너갔는데, 이것을 받아들인 최초의 유럽인은 고대 그리스인들로 추정된다. 그러나 정작 입맞춤을 대중화시킨 민족은 피가 뜨거운 로마인들로 여겨진다. 로마인들은 순수한 인사로서의 키스와 애정 행위로서의 키스가 혼동되지 않도록 키스의 성격에 따라 여러 가지 용어를 사용하였다. 가령 사랑하는 사람들이 입술을 맞추는 달콤한 키스의 경우에는 바시움(basium)이라는 용어를 사용했다.

그러나 가톨릭이 로마제국의 국교가 되면서 키스가 일상화되는 것에 대해 제동을 걸기 시작하였다. 가톨릭교회는 종교적 의식에서 행해지는 키스는 수용했지만, 다른 키스는 죄를 짓는 행위라고 선언하였다. 육체의 쾌락을 추구하는 입맞춤은 소죄, 간통을 위해 주고받는 키스는 지옥에 떨어질 대죄라고 규정했기 때문에 중세 말엽까지 사랑의 키스는 설 자리가 없었다. 결국 르네상스 이후로 키스는 더 이상 공식적이거나 성스러운 기능을 갖지 못하고 신체의 접촉을 통해 애정을 표시하는 수단으로 자리매김하였다.

키스를 다룬 예술작품

르네상스 시대에 키스의 기쁨을 찬양한 대표적인 시인은 네덜란드 출신의 요한네스 제쿤두스(1511~1536)이다. 그는 여행 중에 열병에 걸려 스물다섯 살에 요절했지만 훗날 독일의 문호 괴테(1749~1832)가 '키스의 대가'라고 칭송할 만큼 키스의 시를 하나의 장르로 만들고 완성하였다. 이 새로운 장르는 바시움(키스)이라 불린다.

그의 작품은 별로 많지 않지만 독문학자인 오토 베스트가 그의 저서 『키스의 역사 *Der Kuss*』(1998)에서 지적한 것처럼, "영혼의 키스 메타포를 적용한 역량에서는 타의 추종을 불허한다. 그에 와서야 비로소 영혼의 차원이 관능적 차원에서 거의 완전히 열리게 된다." 그의 작품 중 하나인 「바시움 10」을 음미해 보면 괴테의 평가가 지나치지 않았음을 확인할 수 있다.

나를 깊이 뒤흔드는 것은 한 종류의 키스만은 아니다.

그대는 촉촉한 입술을 촉촉한 입술 위로 누르는가?

촉촉함은 황홀하다.

그러나 메마른 키스에도 매력이 없지 않다.

이 키스로부터도 나의 골수까지 뜨거움이 흘러 들어온다.

반쯤 잠든 상태에서 키스를 받는 것, 이 역시 감미롭다.

이어서 그대를 덮쳐 오는 엉클린 포옹,

그녀의 볼 위로, 그녀의 목덜미 위로 앙갚음하듯이 달려들고,

이어서 백설 같은 어깨, 백설 같은 젖가슴으로 다가가,

그녀의 볼, 목덜미를 키스의 흔적으로 뒤덮는 것,

게다가 백설 같은 어깨와 백설 같은 젖가슴에까지.

그리고 비둘기처럼 구구거리는 입술로

그녀의 잽싼 혀를 빨아들이는 것.

그렇게 입과 입을 맞대고 두 영혼은 하나로 결합된다.

이처럼 사랑이 죽음에 접근하여 욕정 속에서 소멸되어 갈 때,

우리 둘은 서로의 육신 속에 자신을 부어 넣는다.

아뇰로 브론치노
〈비너스, 큐피드, 어리석음 그리고 시간

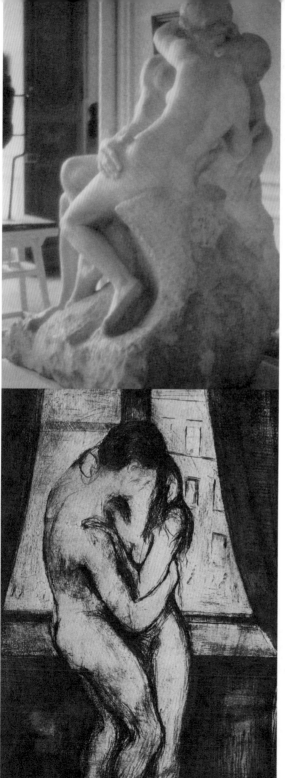

오귀스트 로댕의 〈키스〉

에드바르트 뭉크의 〈키스〉

그 키스가 길든 짧든, 느슨하든 채근하는 것이든 간에

그대가 주든 내가 주든, 사랑하는 그대여,

그것은 나를 매혹한다.

허나 내가 그대에게 키스하듯이

그대도 똑같은 키스를 반환하지 말기를!

우리 둘에게 이 사랑의 유희는

다른 방식으로 이루어져야 하는 것.

우리 가운데 먼저 새로운 방식을 찾아내지 못한 자는

시선을 떨구고 이 사명에 귀 기울여야 할 터.

우리가 처음에 주고받은 헤아릴 수 없는 키스, 그 키스를

그는 승자에게 되돌려 주어야 하리, 그것도 수많은 방식으로.

키스를 소재로 삼은 예술작품은 의외로 많지 않지만 몇몇 걸출한 작품을 만날 수 있다. 이탈리아의 화가인 아뇰로 브론치노 (1503~1572)의 〈비너스, 큐피드, 어리석음 그리고 시간〉(1545)은 큐피드가 자기 어머니인 비너스와 키스를 하는 모습을 그렸다. 근친상간을 저지르고 있는 이들 모자의 키스는 매우 도발적이다. 큐피드는 약간 웅크린 자세로 무릎을 꿇고 있어서 그의 엉덩이는 자극적으로 내밀어져 있으며 구부린 팔꿈치 안쪽으로 비너스의 한쪽 유방을, 둘째 손가락과 셋째 손가락으로는 그녀의 젖꼭지를 꽉 잡고 있다.

노르웨이의 화가인 에드바르트 뭉크(1863~1944)의 〈키스〉(1895)

에는 벌거벗고 애무하며 입을 맞추는 연인들이 등장한다.

인류 역사상 가장 유명한 키스로 평가되는 오귀스트 로댕(1840~ 1917)의 〈키스〉(1901~1904)는 두 연인의 끝없는 입맞춤을 보여 준다. 왼손으로 남자의 목을 감은 여자는 거의 실신 상태이고, 여자의 허벅지에 오른손을 올려놓은 남자는 마치 악기를 다루듯 그녀의 다리를 희롱한다. 온몸을 밀착시킨 남녀는 서로를 더듬으며 쉼없이 입술을 찍어 누르고 있다.

오스트리아의 화가인 구스타프 클림트(1862~1918)가 그린 〈키스〉(1907~1908)는 연인이 입맞춤의 절정에 이른 아찔한 느낌에 몸을 내맡긴 채 눈을 감고 있는 모습을 묘사했다.

키스 자주 하면 날씬해진다

남녀가 키스를 나눌 때 나타나는 가장 중요한 현상은 타액 분비가 많아지는 것이다. 타액은 구강의 점막에서 분비되는 무색무취의 약알칼리성 물질이다. 눈물과 마찬가지로 탄화칼슘이 섞인 염분을 내포한다. 하루 분비량은 평균 1~1.5리터 정도이다. 키스를 할 때 상대방의 혀를 핥으면 타액이 흘러나오기 때문에, 사랑하는 사람의 침을 실컷 마시게 된다.

프랑스의 여러 분야 전문가들이 키스의 이모저모를 살펴본 글을 편집한 『키스』(1997)를 보면 프렌치 키스를 할 때 최대 9밀리그램의 타액과 단백질 0.7그램, 유기질 0.18그램, 지방질 0.711밀리그램, 염분 0.45밀리그램뿐만 아니라 대략 250종의 각종 박테리아가

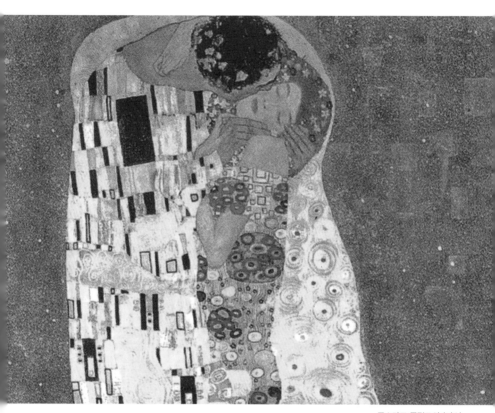

구스타프 클림트의 〈키스〉

교환된다. 아무리 사랑하는 사이일지라도 침 속에 바글거리는 세균을 조심하면서 키스를 해야 될 것 같다.

어쨌든 키스를 하면 맥박이 올라가 75~150으로 박동이 잦아지며 혈액 순환이 두 배나 빨라지고 혈압과 체온이 상승한다. 이러한 흥분 상태에서는 뇌 안에 엔도르핀이 흘러넘쳐 행복감을 느끼게 되며, 인슐린이나 아드레날린 같은 호르몬의 분비가 늘어나 면역력이 올라가기 때문에 건강에 크게 도움을 주는 것으로 밝혀졌다.

친구들끼리 가볍게 뺨에 주고받는 키스에는 단지 12개의 근육만이 동원된다. 그러나 프렌치 키스처럼 진한 입맞춤을 나눌 때에는 29개의 근육이 움직인다. 평균적으로 프렌치 키스 한 번에 12칼로리가 연소될 정도이다. 따라서 여자들이 하루에 20번 키스하고 지방질 0퍼센트의 요구르트로 식이요법을 병행하면 날씬한 몸매를 유지할 수 있다는 통계가 나와 있다.

간통이라는
제2의 생식 전략

1

동물의 교미 체제는 단혼, 다혼, 잡혼의 세 종류로 구분된다. 단혼은 한 마리의 수컷과 한 마리의 암컷이 번식을 위해 짝을 짓는 일부일처제이다. 산비둘기, 앵무새 등의 조류에서 일부일처의 충실성을 엿볼 수 있다. 포유류 가운데 단혼종으로는 난쟁이영양(羚羊), 긴팔원숭이, 명주원숭이가 있다.

다혼은 한 수컷이 여러 마리의 암컷과 교미하는 일부다처와 한 암컷이 여러 마리의 수컷을 상대로 교미하는 일처다부의 두 가지 형태가 있다. 일부다처(polygyny)는 물개나 고라니와 같은 포유류에서 관찰된다. 물개는 수컷 두목 한 마리가 40~50마리의 암컷을 거느린다. 일처다부(polyandry)는 매우 희귀한데 자카나, 깝작도요

류 등의 바닷새가 보여 준다.

잡혼은 코끼리처럼 암수가 각기 성적 배우자를 고정하지 않고 여러 마리의 이성과 번갈아 난교하는 짝짓기 방식이다.

일부일처제 압도적으로 우세

인간 사회의 경우 결혼 제도는 일부일처제가 당연시되고 있다. 그러나 다혼 역시 폭넓게 용인되어 왔다. 인류학자인 헬렌 피셔가 지은 『사랑의 해부*Anatomy of Love*』(1992)에 따르면, 853개의 문화권 중에서 일부일처제를 규정한 곳은 16퍼센트에 불과하고, 나머지 84퍼센트는 남자에게 동시에 두 명 이상의 아내를 취할 수 있는 권리를 부여했다. 일부다처제는 남자에게 있어 최상의 생식 전략이다. 자손을 많이 낳을 수 있기 때문이다. 예컨대 『기네스북』에 최다 자손 보유자로 기록된 모로코의 마지막 황제 무레이 이스마일(1672~1727)은 서른 살이 안 된 5백여 명의 처첩들로부터 888명의 아이를 낳았다. 일부다처를 공인한 대표적인 종교는 미국의 모르몬교가 있다. 모르몬교회 간부들은 평균 5명의 부인과 25명의 자식을 가졌던 것으로 알려지고 있다.

이와 같이 일부다처제는 생식 측면에서 남자에게 유리하고 대부분의 문화권에서 허용되었기 때문에 일부일처제보다 선호도가 마땅히 높을 성싶지만 실제와는 거리가 먼 것으로 나타났다. 여러 명의 아내를 거느린 남자는 겨우 5~10퍼센트에 불과했다. 요컨대 절대 다수의 남자들은 한 여자와 결혼하려는 성향이 강했다.

여자라고 해서 여러 남자를 거느리지 말란 법은 없다. 일처다부의 대표적인 사례는 티베트 사람들이다. 부인 한 명이 남편을 다섯까지 두게 되는데, 남편들은 대개 형제간이다. 맏형이 장가를 간뒤에 시동생들이 줄줄이 서방으로 바뀐다. 이들 형제들은 아내의사랑과 육체를 균등하게 공유한다. 그러나 일처다부제는 여성의생물학적 한계로 번성하지 못했다. 여자들은 임신, 출산, 육아에많은 시간과 노력을 투입하지 않으면 안 되기 때문이다.

보통 여자들은 일생 동안 25회 이상은 출산이 불가능하다. 세계최고의 다산 기록을 가진 모스크바 주변 시골의 농부 아내는 27번출산했다. 매번 쌍둥이를 낳은 덕분에 69명의 아이를 낳는 대기록을 세웠다. 쌍둥이 16번, 세쌍둥이 7번, 네쌍둥이를 4번 출산한 것이다.

어쨌든 일처다부는 인류 사회의 겨우 0.5퍼센트에서 시행되고있을 뿐이며 99.5퍼센트의 문화권에서 여자들은 한 남자와 결혼한다. 요컨대 여자들에게 있어 일부일처제는 압도적으로 우세한짝짓기 방식인 것이다.

간통의 여러 형태

일부일처제는 남녀 공히 가장 선호하는 결혼 제도이다. 인류학자들은 결혼을 남녀가 사회로부터 동의를 받아 성교하고 출산하는관계라고 정의한다. 이를테면 결혼은 법률적 합의, 성적 접근의 우선권 확보, 생식 자격의 부여 등 세 가지 요소로 성립된다. 그러나 결혼이 반드시 배우자 상호 간의 성적 충실성을 담보하는 것은 아니다. 일부일처제는 인간의 짝짓기 전략 가운데 하나일 따름이며, 제2의 생식 전략으로 혼외정사를 자주 하기 때문이다.

혼외정사는 다름 아닌 간통이다. 간통은 법률적으로 기혼자가 배우자 이외의 이성과 성교하는 행위를 일컫지만 문화에 따라 천태만상으로 공공연히 존재해 왔다. 에스키모 사람들의 풍습에 아

혼외정사는 제2의 생식 전략이다. 장-오귀스트-도미니크 앵그르의 〈파올로와 프란체스카〉

내 접대가 있다. 남편이 사냥 친구나 사업 동료와 우의를 돈독히 하고 싶으면 부인의 성적 봉사를 제공한다. 부인은 남편이 지정한 사내와 며칠 또는 몇 주 동안 동침한다. 손님이나 낯선 사람과 잠자리를 같이하기도 한다. 이와 같은 공공연한 간통 행위는 중세 유럽 사회에서도 찾아볼 수 있다. 봉건 영주는 가신이 결혼하면 첫날밤에 신랑보다 먼저 신부의 처녀성을 유린할 수 있는 권리를 가진다. 이른바 초야권으로 알려진 관행이다.

간통은 성교를 전제하지만 문화에 따라서는 성관계를 수반하지 않는 경우도 더러 있다. 아프리카의 어느 부족은 친척이 아닌 유부녀가 길을 걸을 때 그 뒤를 따라가거나 마실 것을 건네주거나 하면 그 사내가 간통을 저지른 것으로 간주한다. 오늘날 도시의 기혼자들은 부인 이외의 여자들과 교제할 기회가 적지 않다. 가령 매력적인 여비서와 저녁을 함께 먹고 승용차 안에서 신체적 접촉을 통해 만족감을 맛보았다고 했을 때, 비록 성관계까지는 가지 않았을망정 이미 그 남자는 간통을 한 것이나 다름없다고 보아도 무방할 것이다.

누가 더 바람기가 센가

일반적으로 남자가 여자보다 혼외정사에 더 적극적이라고 보는 것이 사회적 통념이다. 인류학자인 도널드 시몬스는 이를 뒷받침하는 이론을 내놓았다. 남자들은 본능적으로 많은 자손을 남기고 싶어 한다. 이스마일 황제의 경우처럼 많은 여자와 성관계를 맺으면 많은 자식을 낳을 수 있다. 따라서 남자들은 성적으로 다양한 변화를 모색하게 마련이다. 이러한 남자들은 자연선택되어 그들의 후손에게 항상 새로운 여자를 유혹하는 유전적 자질을 물려주게 되었다. 오늘날의 남자들이 그들의 아들인 것이다.

그러나 여자들은 남자들과 입장이 다르다. 배란기 이외의 기간에는 정부와 아무리 잠자리를 자주 하더라도 아이를 가질 수 없다. 설령 임신을 하더라도 또다시 임신하려면 오랜 시간을 기다려야 한다. 따라서 여자들은 새로운 상대를 물색함에 있어 남자들보다 생물학적으로 동기가 덜 부여될 수밖에 없다. 더욱이 여자들은 출산 후에 아이를 돌보아 줄 남자를 확보하는 일이 급선무이다.

만일 여자가 성적으로 자유분방하다면 질투심 많은 배우자가 집을 나가 버릴 가능성이 높다. 또 혼외정사에 많은 시간과 노력을 투입하면 그만큼 아이를 돌보는 일에 소홀해진다. 이러한 여자들은 결국 자연도태되었으며 배우자에게 성적으로 충실한 여자들만이 많은 후손을 남기게 되었다. 오늘날 여자들이 그들의 딸인 것이다.

시몬스의 이론을 요약하면, 남자는 천성적으로 여자보다 성적 다양성에 더 많은 관심을 가질 수밖에 없도록 진화되었다. 요컨대 남자들은 타고난 난봉꾼들이다.

시몬스의 주장에는 허점이 없지 않다. 우선 혼외정사에 참여한 모든 여자가 남자보다 소극적이었을 리 만무하다. 시몬스는 유부녀가 혼외정사에 빠질 때 봉착하는 불이익만을 감안했다. 그러나 간통이 먼 옛날 인류의 암컷에게 생물학적으로 적합했을 이유가 적어도 세 가지는 있다.

첫째, 유부녀가 남편 몰래 혼자 돌아다니면 추파를 던지는 뭇 사내들로부터 의식주에 관련된 많은 도움을 받게 마련이다. 혼외정사를 통해 매춘부처럼 생계에 보탬이 되는 재화를 얻게 된다는 뜻이다. 둘째, 간통은 일종의 생명보험처럼 이용되었다. 남편이 사망하거나 가출했을 때 정부를 곧장 아버지의 자리에 앉힐 수 있기 때문이다. 셋째, 남편이 시력이 나쁜 사냥꾼이거나 무능력한 가장일 때 혼외정사를 통해 유전적으로 우수한 남자의 씨를 잉태할 수 있다.

이와 같이 간통은 여유 있는 생활, 남편 후보생, 좋은 유전자의 자식을 보장해 주었으므로 여자의 조상들은 은밀히 혼외정사에 탐닉했다. 이들의 피를 물려받은 여자들은 오늘날 간통의 기회를 사양하지 않고 있는 것이다.

아득히 먼 옛날 인류의 암컷이 혼외정사에 적극적이었음을 보여주는 증거로는 여성의 오르가슴이 제시된다. 남자는 사정과 동시에 절정감을 느끼면서 음경이 위축된다. 음경이 다시 발기하려면 시간이 필요하다. 그러나 여자는 한 번의 성교로 여러 차례 되풀이해서 오르가슴에 도달할 수 있다. 말하자면 연속적인 오르가슴은 일부일처의 결속보다는 난잡한 성관계를 고무하기 위해 진화된 것으로 볼 수 있다.

이러한 시각에서 인류학자인 사라 홀디는 시몬스와는 달리 여자가 혼외정사에 결코 피동적으로 참여한 것이 아니었음을 주장하는 이론을 발표했다. 유인원과 원숭이의 암컷은 번식과 관련이 없는 교미를 일삼는다. 예컨대 침팬지 암컷은 발정기가 되면 아들을 제외한 주변의 모든 수컷들과 교접한다. 홀디는 침팬지가 번식과 무관한 성행위에 열중하는 이유를 두 가지로 보았다. 첫째, 앞으로 태어날 새끼를 살해할지 모르는 수컷들과 우호적으로 지낼 필요가 있었다. 둘째, 가능한 한 많은 수컷들이 암컷의 아이를 자신들의 새끼로 여기도록 속이기 위해서였다.

요컨대 암컷들은 유아 살해로부터 새끼를 보호하기 위해 난교를 일삼은 것이다. 암컷이 젖을 먹이는 동안에는 배란이 되지 않아서 수태가 불가능하므로 수컷들은 자신의 새끼를 갖지 않은 암컷의 새끼를 보면 곧잘 죽였다. 홀디에 따르면 인류의 암컷 역시 침팬지 암컷처럼 유아 살해로부터 자식을 보호함과 아울러 자신의 새끼로 착각한 많은 수컷들로부터 양육에 필요한 협조를 얻어 내기 위해 많은 수컷들과 난교를 했다.

그러나 일부일처제가 자리 잡게 되면서부터 공개된 난교를 일삼던 암컷들은 은밀한 성교로 방향을 바꾸었다. 암컷들에 의해 창안된 혼외정사라는 새로운 형태의 짝짓기가 비롯된 것이다. 홀디의 이론을 요약하면, 여자 역시 남자 못지않게 성적으로 다양한 변화에 관심이 많도록 진화되었다.

혼외정사는 언제 많이 하는가

혼외정사는 남녀 공히 나이와 뚜렷한 연관성을 맺고 있다. 진화심리학자인 데이비드 버스가 펴낸 『욕망의 진화』(1994, 2003)에 따르면, 남편들의 혼외정사는 나이에 비례해서 증가하는 반면에 아내들의 바람기는 생식 능력의 영향을 받는다.

남자에게 있어 혼외정사는 평생을 통해 성적 욕망을 해소하는 중요한 수단이 되고 있다. 미국의 경우 혼외정사는 16∼35세의 사내들에게 성욕 배출 수단의 20퍼센트를 차지하고 있으며 36∼40세는 26퍼센트, 41∼45세는 30퍼센트, 46∼50세는 35퍼센트로 꾸준히 증가하여 말년에 이르러서야 조금 줄어드는 추세를 보일 따름이다. 혼외정사의 비율이 상승하는 이유는 동일한 배우자와의 반복적인 성관계가 권태롭고 늙어 가는 아내의 성적 매력이 소멸되기 때문인 것 같다.

한편 여자들의 혼외정사는 생식적 가치가 가장 큰 시기인 16∼20세에 6퍼센트, 21∼25세에 9퍼센트에 머물지만 생식 능력이 차츰 저하됨에 따라 계속 증가하는 추세를 보인다. 26∼30세에 14퍼센트로 증가하고 31∼40세에는 17퍼센트로서 최고치를 기록한다. 생식 능력이 끝나 가는 시점에서 혼외정사가 절정을 이루는 까닭은 이 무렵의 여자들이 남편의 감시를 덜 받아 모험을 감행하는 데 훨씬 자유롭기 때문이다. 생식 능력을 상실한 폐경 이후에는 51∼55세는 6퍼센트, 56∼60세는 4퍼센트로 떨어진다.

요컨대 남자들이 여자들보다 더 지속적으로 결혼 생활 밖에서 성관계를 추구한다. 버스에 따르면, 미국 남자들은 평생 동안 평균 18명의 성관계 상대를 원하는 데 비해 여자들은 4∼5명 정도를 희

망한다. 혼외정사의 상대를 바꾸는 빈도에서 남녀 간에 현격한 편차를 나타내는 이유는 아마도 남자들은 단 몇 시간 손해 보는 것으로 불륜의 이부자리를 털고 나올 수 있지만, 그 결과로 여자가 임신을 하면 대가를 오랫동안 톡톡히 치러야 되기 때문인 것 같다. 다시 말해서 유부남들은 혼외정사를 단순한 육체 관계로 치부하는 성향이 강하지만 유부녀들은 성욕 해소보다는 애정 관계를 염두에 두게 마련이다.

혼외정사는 영원하다

혼외정사는 남녀 모두에게 재앙을 가져오기 십상이다. 정조 의무를 위배한 유부녀는 부정이 들통 나는 즉시 십중팔구 이혼을 당한다. 엽색행각을 벌이는 남자는 성병에 걸리거나 질투심에 눈먼 여자의 남편에 의해 보복을 당할 가능성이 많다. 질투심은 바람기와 맞서 싸우기 위해 진화된 일종의 심리적 전략이다. 질투의 감정은 아내의 정부에게 폭력을 가하거나 배우자를 감시하는 행동을 유발한다. 모든 문화에 걸쳐 오쟁이 진 남편들의 성적 질투심은 살인 사건의 가장 강력한 동기가 되었다.

또한 배우자의 외도를 막으려는 시도는 늘 있어 왔다. 만일 아내가 외간 남자와 통정하고 있다면 자신이 부양하는 아이가 반드시 자신의 자식이라는 보장이 없으므로 남자들은 온갖 방법으로 여자들의 성적 자유를 제한했다. 중세 유럽에서는 정조대가 여자를 천성적으로 음탕한 존재라고 확신한 남편들에게 신이 내린 선물로 여겨졌다. 1930년대까지 사용된 정조대는 성교와 수음은 물론이고 강간을 방지하기 위해 여자의 가랑이 사이를 가로막은 금속틀인데 그 열쇠는 남편이 휴대했다. 회교 사회에서 여자에게 베일을 씌우는 관습은 외간 남자와의 눈맞춤을 봉쇄하기 위한 것이다. 아프리카의 일부 부족은 여자들이 오르가슴을 즐기지 못하도록 음핵을 제거하거나, 음경의 삽입이 불가능하도록 외음부를 꿰매어 닫아 버렸다. 이러한 음핵 절제와 음순 봉합은 남성의 성적 질투심이 빚어낸 잔인한 처사가 아닐 수 없다.

1993년 영국 맨체스터 대학의 로빈 베이커 교수는 국제 항구인 리버풀을 대상으로 혼외정사의 실태를 조사한 결과 10퍼센트가량의 어린애가 친부가 아닌 사내에 의해 태어났음을 밝혀냈다. 열 명의 남편 중 하나는 남의 자식을 키우면서도 자신의 핏줄이라고 속고 있는 셈이다. 같은 항도인 함부르크나 인천에서 똑같은 조사를 한다면 어떤 결과가 나올 것인지.

아무튼 일부일처제가 인류에게 허용된 유일한 결혼 제도로 보편화되는 한, 남녀 모두의 성적 동기에 의해 혼외정사는 제2의 생식 전략으로 영원히 살아남을 것임에 틀림없다.

Tip 바람을 피우는 이유를 몸 안의 호르몬 변화에서 찾는 과학자들도 있다.

상대방에게 얼이 빠지는 사랑의 초기 단계에서는 페닐에틸아민(PEA)이 분비되어 쾌감을 느낀다. 하지만 3～5년이 지나면 페닐에틸아민의 농도가 정상치로 떨어지면서 황홀한 연애 감정이 줄어든다. 이러한 현상은 여자보다 남자에게서 먼저 나타난다. 페닐에틸아민의 결핍으로 인해 일종의 금단 현상이 발생하기 때문에 남자들은 페닐에틸아민 중독을 해소하기 위해 바람을 피우게 된다는 것이다.

그러나 애정이 깊어져서 애착 상태가 장기간 지속되면 옥시토신 호르몬의 분비가 늘어나서 상대에게 더욱 충실하게 된다.

요컨대 로맨틱한 사랑을 하는 연인 사이에 페닐에틸아민과 옥시토신 중에서 어떤 호르몬이 더 강하게 분비되는가에 따라 바람기가 거세지기도 하고 잦아지기도 한다는 것이다.

강간은 섹스인가, 폭력인가

2

성폭력은 주로 남자들이 여자들에게 성적 접근의 대가를 최소한으로 지불하기 위해 사용하는 전략의 하나이다. 가령 여자가 남자에게 일정 기간 투자를 요구하면서 성관계에 불응하면 일부 남자들은 자기의 뜻을 관철하기 위해 폭력에 호소하게 마련이다. 성적인 방법으로 표현되는 폭력 중에서 가장 크게 사회적 문제가 되는 것은 성폭행(강간)과 성희롱이다.

성희롱은 '직장에서 타인으로부터 받는 원치 않는 성적 관심' 이라고 정의된다. 성희롱 사건에서 일반적으로 여자들은 희생자가 되고 남자들은 가해자가 된다. 특히 여성 부하를 상대로 한 남성 상급자의 성희롱이 자주 발생한다. 대부분의 성희롱 행위는 단기

적인 성적 접촉을 즐기려는 욕망에서 유발되는데, 싫은데도 계속
쳐다보거나 음란한 대화를 시도하는 짓궂은 행동에서부터 젖가슴,
엉덩이, 사타구니 따위를 집적거리는 육체적 희롱에 이르기까지
다양하다.

강간은 섹스와 무관한 폭력

한편 강간은 정상적인 성교인 화간에 대립하는 개념이다. '성관계
를 얻기 위해 폭력을 사용하거나 사용하겠다고 위협하는 행위'로
정의된다. 1993년 유엔은 "강간은 폭력과 지배력을 과도하게 사용
해 강간범이 희생자를 수치와 굴욕과 당혹과 자괴와 공포로 몰아
넣는 행위이다. 강간의 1차적 목표는 타인에 대해 권력과 지배력
을 행사하는 것이다."라고 선언했다. 유엔의 선언에 따르면, 강간
은 섹스와 완전히 무관한 폭력일 따름이며, 권력과 지배력을 사용
하기 위해 섹스를 이용하는 행위이다.

　법적인 측면에서는 음경이 질에 삽입되거나 삽입이 시도된 것
을 강간으로 인정하며 사정 여부는 따지지 않는다. 손가락이나 술
병 또는 막대기 따위로 음부를 쑤시는 행위는 강간에 해당되지 않
는다.

　강간은 개인의 성적 권리를 침해하는 행위이므로 당연히 범죄이
다. 강간이라는 범죄의 성격을 규정하는 이론은 세 종류가 있다.
강간을 재산의 침해로 보는 보수주의 이론, 신체에 대한 폭행으로
간주하는 자유주의 이론, 인격의 파괴로 보는 급진주의 이론이 그

것이다.

　가장 오래된 보수주의 이론은 강간을 특정 남자의 재산을 침해하는 범죄라고 규정한다. 모든 여자는 아버지, 남편 또는 군주 등 특정 남자에 귀속되며 그들과의 관계에 의해서 사회적 신분을 획득한다. 이들은 자기에게 속한 여자들의 생식 능력에 관심이 많기 때문에 정조를 특별히 소중하게 여긴다. 이를테면 딸의 파열되지 않은 처녀막은 아버지가 신랑에게 팔 수 있는 값비싼 재산이다. 따라서 강간은 당사자보다 그 여자를 소유한 남자에게 경제적인 피해를 안겨 준 것으로 볼 수 있다. 요컨대 여자가 성교에 동의하지 않았기 때문에 강간이 범죄가 되는 것이 아니라 그 여자를 소유한 남자가 성교를 허락하지 않았기 때문에 범죄로 성립된다는 의미이다. 강간을 뜻하는 영어 'rape'가 부녀 유괴를 뜻하는 라틴어 'raptus'에서 유래되었다는 사실은 강간을 불법적으로 남의 재산을 훔쳐 가는 행위로 보는 보수주의 이론의 주장을 뒷받침한다.

　이러한 보수주의 이론으로 강간에 관한 법률의 몇 가지 특징을 설명할 수 있다.

　첫째, 부부의 성생활에서 남편에 의한 아내의 강간이 빈번히 발생함에도 불구하고 범죄로 처벌되지 않는 이유가 설명된다. 아내는 남편의 재산이다. 자신의 재산을 훔쳐 가는 행위란 있을 수 없다. 따라서 남편이 아내에게 폭력을 행사하여 성관계를 맺더라도 강간이라는 범죄가 성립될 수 없는 것이다.

　둘째, 이 이론은 미성년자에 대한 강간을 다스리는 법률의 근거

강간을 특정 남자의 재산을 침해하는 범죄라고 규정하는 이론도 있다. 살바도르 달리의 〈순결 때문에 망한 젊은 처녀〉

가 된다. 강간은 친고죄이지만 13세 미만의 어린이에 대한 성폭행은 피해 당사자가 아닌 제3자가 가해자를 고소할 수 있다. 어린이는 시집갈 때까지 아버지의 재산이다. 따라서 미성년의 딸과 성교하는 것은 아버지의 재산을 침해하는 범죄이므로 아버지가 가해자를 고소할 수 있다.

셋째, 매춘부의 강간이 법적으로 처벌될 수 없는 이유가 설명된다. 창녀는 화대만 있으면 모든 남자가 소유할 수 있다. 매춘부는 특정 남자의 재산이 아니므로 결코 강간이 성립될 수 없다는 뜻이다.

넷째, 이 이론은 강간 재판에서 여자들이 피해자임에도 불구하고 도리어 변명하기에 급급한 이유를 설명해 준다. 그들은 강간범을 자극한 행동을 한 적이 없음을 누누이 강조하면서 자신의 결백을 입증하려고 노력한다. 피해자들은 대개 남편 앞에서 얼굴을 들지 못한다. 자신의 부주의로 남편의 재산에 흠집을 냈다고 자책하기 때문이다.

보수주의 이론의 타당성을 입증하는 사례는 전쟁과 폭동 중에 발생하는 강간에서 찾아볼 수 있다. 역사적으로 여자의 육체는 전쟁에서 승리자가 패배자에게 모욕을 안겨 주는 수단으로 활용되었는데, 강간의 역사를 집대성한 최초의 저서로 평가되는 수잔 브라운밀러(1942~)의 『우리의 의지에 반하여 *Against Our Will*』(1975)에 적나라하게 묘사되어 있다.

어떤 전쟁에서건 강간은 발생했지만, 때로는 공포의 무기, 때로는 복수의 무기, 때로는 권태를 해소하는 무기로 사용되었다. 제1차 세계대전 중에 독일군은 강간을 공포의 무기로 사용했다. 1914년 벨기에를 침공한 독일군이 여자들을 능욕한 사례만큼 강간을 주도면밀하게 전쟁에 활용한 경우는 일찍이 없었다. 독일 사령부는 전쟁 초기부터 공포 분위기를 조성하기 위해 여자들을 마구잡이로 겁탈했다. 모녀를 한자리에서 윤간하고 반항하면 유방을 총검으로 내리쳤다. 제2차 세계대전 중에 러시아 군대가 베를린으로 진격할 때에는 강간을 복수의 무기로 사용했다.

1937년 일본군이 중국의 남경을 점령했을 때 저지른 만행은 처참의 극을 달했다. 윤간은 다반사였으며 아버지에게 딸을 강간하게 했고 강간 후에 여자의 음부에 막대기를 꽂아 놓곤 했다. 베트남에서 미군은 고원 지대를 수색하며 한낮의 권태를 해소하기 위해 강간을 일삼았다. 1971년 방글라데시가 독립 선언을 했을 때 파키스탄 군대에 의해 9개월 동안 20여만 명의 여자들이 강간당한 것으로 추정된다. 동정심을 유발하여 경제 지원을 받아 낼 속셈으로 방글라데시 정부가 대대적인 선전에 나선 덕분이지만, 역사상 처음으로 전쟁 중의 강간이 국제적 관심사가 되었다.

여성에 대한 테러 행위

보수주의 이론의 대안으로 제시된 자유주의 이론은 강간을 신체에 대한 폭행으로 본다. 강간범은 주먹이나 흉기를 휘두르는 여느 폭행범과는 달리 그의 성기를 사용하여 여자의 몸에 폭행을 가한다고 보는 것이다. 자유주의 이론은 강간을 권리의 침해로 규정하는 견지에서는 보수주의 이론과 일맥상통한다. 그러나 강간을 남자의 재산권 침해로 보는 보수주의 이론과는 달리 강간을 여자의 자율권 침해로 본다.

자유주의 이론을 비판하면서 등장한 급진주의 이론은 강간을 여성의 인격에 대한 모독 행위로 간주한다. 급진론자들은 두 가지 사실에 주목한다. 하나는 거의 모든 강간의 가해자가 남자이고 피해자는 여자라는 사실이다. 다른 하나는 강간이 우발적이라기보다는 계획적으로 발생한다는 사실이다. 따라서 자유주의 이론에서처럼 강간을 한 개인이 다른 개인에게 가하는 폭력 행위로 보는 대신에, 강력한 계급의 구성원들이 힘없는 계급의 구성원들에게 행하는 테러 행위라고 주장한다.

강간을 여자의 사회적 지위를 격하시켜 여성의 복종을 제도화하는 정치적 탄압 행위라고 주장하는 사람들은 대부분 페미니스트들이다. 대표적인 인물은 브라운밀러이다. 그녀는 남성이 여성에게 가하는 성폭력이 문화적으로는 남성성(masculinity)을 수립할 수 있는 일차적인 수단으로 인식되었다고 전제하고, 강간을 '남성적 이데올로기'라고 명명하였다.

『우리의 의지에 반하여』에서 "사내들이 자신의 생식기가 공포를 일으키는 무기로 사용될 수 있다는 사실을 발견한 것은 불과 돌도끼의 사용과 함께 선사시대에 이루어진 가장 중요한 발견의 하나임에 틀림없다."고 주장하고, "강간을 저지르는 남성들은 사회의 일탈자라기보다는, 가장 오랫동안 지속되어 온 전투에서 사실상 최전선의 돌격부대, 즉 테러리스트 게릴라의 역할을 해 왔다."고 설파했다.

강간은 여자를 남자보다 낮은 계급으로 격하시킨다. 이와 같이 애당초 여자가 남자와 동등한 힘을 갖고 있지 못하기 때문에 여성의 동의 여부로 강간과 화간을 가늠하는 자유주의 이론은 잘못된 것이다. 말하자면 급진론자들은 자유주의 이론이 남녀가 성적으로 불평등한 현실을 외면하고 있다고 비판한다.

강간에 관한 세 가지 이론은 강간의 가해자와 피해자를 다르게

설정하고 있음이 확인되었다. 보수주의 이론은 한 남자가 다른 한 남자에게, 자유주의 이론은 한 남자가 한 여자에게, 급진주의 이론은 남자들이 여자들에게 피해를 준 행동으로 본다. 요컨대 강간의 본질을 재산(보수주의), 동의(자유주의), 권력(급진주의) 등 서로 다른 측면과 결부시키고 있다.

강간은 때로는 권태를 해소하는 무기로 사용되었다. 페터 파울 루벤스의 〈파우누스에 당하는 다이아나와 요정들〉

강간범은 사형으로 다스렸다

성관계를 갖기 위해 강제적인 수단을 강구하는 남자들은 몇 가지 뚜렷한 심리적 특징을 나타낸다. 강간범들은 여자들이 은근히 강간당하기를 원한다는 신화를 신봉한다. 피해자가 부지불식간에 자신을 유혹했다고 강변한다. 강간범들은 충동적인 성격이 강하며 자존심이 매우 낮고 여자들에게 적대감을 갖고 있다. 강간범들에

게 성은 목적이라기보다는 열등감이나 적대감을 해소하는 수단이
된다.

열등감을 해소하기 위해 힘을 과시하는 권력형 강간의 경우, 범
인들은 여자가 처음에는 반항하지만 굴복하여 기꺼이 상대해 줄
것으로 기대한다. 그러나 실제 범행시에는 대부분 발기불능이거나
조루증이 나타나며 피해자의 질 안에서 살아 있는 정자를 발견하
기가 쉽지 않다.

여자에게 평소 갖고 있던 적대감을 발산하려는 분노형 강간의
경우, 범인들은 연상이거나 늙은 여자를 골라서 욕설을 하고 얼굴
과 머리카락에 사정을 하거나 몸 위에 대소변을 갈기고, 항문 성교
를 강요하거나 음부에 이물질을 삽입시킨다.

강간범은 성인을 선호하지만 뜻대로 되지 않으면 어린아이를 선
택하기도 한다. 체포되어 처벌받을 위험이 적다고 생각하는 기회
주의적인 성격의 소유자 또는 변태성욕자들이 대부분이다. 어린이
성농락은 근친 강간의 형태를 띤 것이 많다. 가해자는 아버지와 오
빠가 비슷한 비율로 나타난다.

강간죄는 폭행 또는 협박으로 부녀자와 성관계를 가짐으로써 성
립한다. 그러나 성교를 증명하지 못해 피해자가 행실이 나쁜 여자
로 의심을 받게 될 가능성이 많아 신고율이 낮다. 도난이나 구타를
당했을 때 그 경험을 즐겼느냐고 묻는 사람은 없지만 강간의 경우
에는 어쩌면 성교를 즐겼는지 모른다고 생각하는 사람들이 적지
않은 것이 세태이다. 요컨대 강간은 피해자가 도리어 죄의식을 느

끼고 자신을 변호해야 하는 특이한 범죄이다. 피해자가 피해 물증의 확보에 신경을 써야 하는 이유이다. 무엇보다도 성교 행위의 증거가 중요하다.

성 경험이 없는 여자라면 처녀막의 파열 여부로 성교를 확인할수 있다. 성교의 결과는 정액 유무로 확인이 가능하다. 질은 물론이고 항문, 허벅지, 구강 또는 현장 주변의 옷, 침구, 휴지에서 정액의 흔적을 채취할 수 있다. 그 밖에도 강간 현장에 떨어져 있는 강간범의 음모와 머리카락, 피해자의 손톱 밑에 낀 강간범의 피부 조직이나 혈액도 증거물이 될 수 있다.

강간을 범죄로 다스린 최초의 법률은 거의 4천 년 전이 되는 기원전 18세기 바빌로니아의 함무라비 법전에 나타난다. 처녀를 강간하면 사형에 처했으나 유부녀가 강간당하면 남자와 똑같은 벌을 받았다. 사건 경위를 따지지 않고 간통으로 간주해서 강간범과 유부녀를 함께 묶어 강물 속으로 내던졌다. 그러나 남편이 원하면 아내를 물속에서 건져 내도록 허용하였다.

중세 유럽에서는 오랫동안 강간범을 사형으로 다스렸으며 손발을 잘랐다. 한때 영국에서는 여자를 보았다는 이유로 강간범의 눈알을 파내고, 여자를 겁탈했다는 이유로 거세를 시켰다. 근년에 미국의 일부 주정부에서는 성범죄 누범자들에게 거세 수술을 권유하는 법률의 제정을 검토하고 있다.

강간은 번식 전략으로 진화되었다

Tip 강간은 폭력의 범죄라기보다는 욕망에 충실한 성행위일 따름이다. 그러므로 강간을 섹스가 아니라 폭력이라고 표현하는 것은 적절하지 못하다. 사실상 강간은 유전자를 퍼뜨리기 위해 진화된 생식 메커니즘이다. 누가 한국사회에서 이런 논리를 전개한다면 영락없이 사회적으로 매장당하거나 정신병자 취급을 받을 것임에 틀림없다.

미국 생물학자인 랜디 손힐은 동물의 세계에서 관찰되는 강간의 연구를 통해 사람의 강간행위가 번식 전략으로 진화되었다는 이론을 발표하여 격렬한 논쟁을 불러일으켰다.

손힐은 물고기, 빈대, 밑들이벌레의 교미를 연구했다. 물고기는 암컷이 강에 알을 뿌려 놓으면 수컷이 정액 덩어리를 배설해 체외수정을 한다. 그런데 때때로 엉뚱한 수컷이 나타나 정액을 뿌리는 경우가 있다. 한편 빈대는 창처럼 생긴 페니스로 다른 수컷의 외피에 구멍을 뚫어 정자를 집어넣는다. 이 정자는 이 수컷의 정자가 페니스를 통해 암컷의 몸 안으로 사정될 때 함께 배출된다. 손힐은 물고기와 빈대의 강제적 수정에 대해 전자는 이성 간의 강간, 후자는 동성 간의 강간이라고 규정하였다.

밑들이벌레는 길게 구부러진 배가 전갈의 꼬리를 닮았기 때문에 영어이름[scorpionfly]에 전갈이 들어 있는 곤충이다. 수컷은 죽은 곤충 따위의 먹거리를 구해 암컷에게 제공하고 짝짓기를 시도한다. 그러나 혼인선물을 암컷에게 줄 능력이 없는 수컷은 때때로 지나가는 암컷에게 달려들어 페니스의 일부를 형성하는 근육질의 집게로 암컷의 날개 또는 다리를 붙잡는다. 이 집게는 오로지 강간할 때를 제외하고는 쓸모가 없는 기관이다. 일단 집게에 붙잡힌 암컷은 자동적으로 수컷에게 교미를 허용하는 위치에 놓인다. 암컷은 혼인선물이 없는 수컷과는 교미를 거부하고 도망가려고 발버둥친다.

따라서 손힐은 번식을 위해 수컷이 암컷에게 선물을 제공하는 밑들이벌레의 세계에서는, 혼인선물을 구하지 못한 수컷들이 차선의 번식 전략으로 경쟁자의 암컷을 강간하는 일이 일상적으로 발생한다는 결론을 얻었다.

손힐은 동물세계에서 강압적인 교미행위가 번식 전략으로 자연선택되어 수컷의 본능이 되었다는 이론을 인간의 조건에 적용했다. 가령 남자들은 재산과 지위를 얻기 위해 경쟁한다. 경쟁에서 이긴 남자들은 여자들에게 줄 선물이 많으므로 구태여 강간할 필요가 없다. 여비서와 고용주, 여자노예와 주인의 성관계를 강간으로 보지 않는 것도 같은 이유에서이다. 그러나 경쟁에서 진 수많은 사내들은 돈과 권력이 없으므로 여자들로부터 환영을 받지 못한다. 사회적으로 패배한 남자들에게 강제적인 성관계는 절망적임과 동시에 매력적인 대안이 될 수밖에 없을 터이다.

강간이 인류의 진화 과정에서 자연선택된 남성의 본능이라는 주장은 논란의 소지가 많다. 강간을 두둔하는 과학적 근거를 제공하고 있기 때문이다. 강간 충동이 본래 타고난 욕망이라면 강간을 폭력행위보다 생식행위로 보아야 한다는 뜻이 담겨 있는 것이다.

손힐의 이론은 페미니스트들의 거센 항의를 받았다. 1980년대 초 그의 강의실 밖에서 여성 시위대들은 '생물학이 여자를 겁탈한다'는 글이 적힌 플래카드를 들고 소리를 질러 댔으며 일부 과격한 여자들은 그의 얼굴에 침을 뱉기까지 했다.

2000년 초에 손힐은 인류학자인 크레이그 파머 박사와 함께 『강간의 자연사*A Natural History of Rape*』를 펴내 학계는 물론 저널리즘을 발칵 뒤집어 놓았다. 먼 옛날 강간이 인류의 환경 적응력을 높여주는 행위였다는 그들의 주장이 강간을 극악한 성범죄로 혐오하는 사회통념과 정면으로 충돌했기 때문이다.

강간을 생식 행위로 보아야 한다는 주장도 있다. 르네 마그리트의 〈강간〉

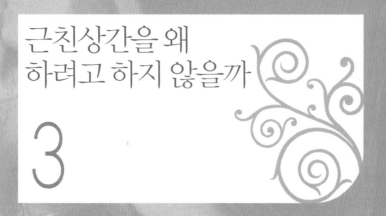

근친상간을 왜
하려고 하지 않을까

3

가까운 직계 혈족 사이의 혼인은 고대 이집트, 페르시아, 잉카, 하와이의 왕국에서 흔히 볼 수 있다. 이집트의 클레오파트라 여왕이 좋은 예이다. 이러한 근친상간(incest)이 왕실에서 원칙이 된 것은 혈통의 순수성을 지키기 위해서였다. 그러나 근친상간은 대부분의 사회에서는 허용되지 않았다.

근친상간의 네 가지 유형

근친상간에는 부녀상간, 모자상간, 남매상간, 동성상간 등의 네 가지 형태가 있다. 가장 사례가 많은 경우는 아비와 딸 사이에 성관계를 갖는 부녀상간이다. 아버지들은 딸을 범하고 싶은 욕망을 억 누르는 자제력이 모자란 사내들이지만 정신병자는 아니다. 어머니들도 부녀상간에서 일정한 역할을 한다. 어머니가 자식들을 제대로 돌보지 않거나 부부관계가 원만치 못한 가정에서는 어머니와 딸 사이에 역할이 바뀔 가능성이 높다. 가령 딸이 어머니 대신에 다른 식구를 보살핌에 따라 아버지의 눈에는 딸이 또 다른 아내로 착각될 수 있다. 어머니가 병이 들었거나 죽은 경우 또는 밤늦게 집을 자주 비우는 경우에는 부녀가 간음할 기회가 많아진다. 요컨대 어머니가 주부의 기능을 제대로 발휘하지 못하는 집안에서는 딸을 아내의 대역으로 보기 때문에 부녀상간이 자주 일어난다.

부녀상간은 대개 아버지가 귀여운 딸의 성기를 손으로 만지작거리거나, 입술로 핥는 행위를 시도하면서 시작된다. 처음부터 성기의 삽입을 생각하는 아버지는 없다. 나이 어린 딸은 아버지의 행동에 대해 성적 의미를 깨닫지 못한다. 아버지가 사정할 때 자신에게 소변을 보고 있다고 생각할 정도이다. 아버지는 어린 딸에게 그녀와 놀이를 하고 있다고 속이거나, 성적 접촉이 딸을 사랑하는 특별한 방법이라고 설득한다. 어떤 아버지는 성교육을 하는 중이라고 거짓말을 한다. 나이 든 딸의 경우에는 대부분 아버지가 무서워서 저항하지 않는다. 그러나 사랑하는 아버지의 뜻을 거역하고 싶지 않거나 부모의 사랑에 굶주린 나머지 아버지의 성적 접촉에 적극적으로 협조하는 딸들도 적지 않다.

부녀상간은 수년간 지속되는 사례가 많다. 아버지의 보복이 두려워 비밀을 폭로하지 못하기 때문이다. 만일 딸이 어머니에게 아버지와의 관계를 폭로하면 가정을 위기로 몰아넣게 된다. 대부분의 어머니는 딸의 말을 믿지 않으려 하고, 혹시 믿더라도 도움을 주려 하지 않는다. 도리어 딸에게 질투를 느끼거나 남편의 경제적 지원이 중단될 것을 두려워한다. 어머니가 할 수 있는 일이라고는 딸에게 화를 내고 꾸짖는 일뿐이다. 결국 딸이 집을 나가는 것으로 부녀상간은 마무리된다.

모자상간은 부녀상간처럼 공개된 사례가 많지 않지만, 더욱 충격적인 것으로 받아들여진다. 어머니가 아들을 성적으로 유혹하는 것은 윤리적인 측면과 함께 여자보다는 남자가 성행위에 적극적이라는 사회통념에 배치되기 때문이다. 이러한 어머니들은 정신적으로 심각한 불안 상태에 빠져 있는 것으로 확인되었다. 간혹 아들이 먼저 성적 접촉을 시작하는 경우가 있는데, 대부분 정신질환을 앓고 있었다.

남매상간은 예술작품이 즐겨 다루는 주제이다. 부모가 자식을 제대로 관리하지 못한 가정에서 흔히 발생한다. 오빠가 누이에게 성적 접촉을 시도하는 것이 상례이지만 때때로 어린 남매간에 이성에 대한 호기심을 느끼고 동시에 성적 희롱을 하기도 한다. 이 경우에는 단순한 애무에 그치지 않고 실질적인 성교 행위로 발전될 가능성이 농후하다.

동성상간은 아버지와 아들, 형과 아우, 어머니와 딸, 언니와 여동생 사이 등 동성 간에 일어나는 성관계이다. 부자상간은 가끔 보도되었으나 나머지 세 경우는 공개된 사례가 거의 없다. 부자상간

부녀상간은 오래 지속되는 사례가 많다. 얀 마세이스의 〈롯과 두 딸〉

하는 아버지는 강력한 동성애 감정에 사로잡혀 있다. 아들에게 성
적으로 접근하는 아버지들은 부녀상간 하는 아버지들처럼 대개 정
신병자가 아니다. 자식에 대한 정서적 집착이 과도하여 자식에게
하는 행위에 대해 죄의식을 느끼지 못하고 있을 따름이다.

금지된 것인가, 회피된 것인가

근친상간은 고대 이집트나 잉카제국의 왕실에서처럼 지배계급에 의해 용인된 경우도 있긴 하지만 거의 모든 문화권에서 인류의 역사만큼이나 오랫동안 금기, 즉 터부(taboo)로 전승되어 왔다.

폴리네시아 말인 터부는 초자연적인 힘을 가진 것으로 보이는 사람이나 물체에 대해 조심해서 행동하도록 제약하는 규범을 의미한다. 터부는 원시사회에서 신성하고 동시에 위험한 것으로 간주되는 대상을 접촉하거나 입에 담아 말하는 것을 금지하는 풍습이다. 원시 민족들은 터부를 범하면 저절로 발생하는 엄한 벌을 받게 되리라고 믿었다.

구약 성서에는 유다가 매춘부로 변장한 며느리 다말과 동침하여 아들을 낳는 이야기가 나온다. 시아버지와 며느리의 성 관계는 근친상간에 해당되었다. 호레이스 버넷의 〈유다와 다말〉

인류학자들은 근친상간을 금지하는 관습이 거의 모든 곳에서 보편적으로 존재하게 된 이유에 대해 다양한 설명을 시도했으나 만족할 만한 해답을 찾아내지 못하고 있다. 근친상간 금기의 기원에 대한 설명은 두 종류로 요약된다. 한편에서는 사람들이 근친상간을 은밀히 갈망하지만 사회적 터부의 도움으로 이를 극복할 수 있다고 주장하고, 다른 한편에서는 매우 가까운 친척 사이에는 성적 흥분을 느끼지 못하므로 성관계를 혐오한다고 주장한다. 전자는 근친상간이 금지되었다고 보는 반면에 후자는 회피되었다고 보는 것이다.

19세기 말 근친상간에 대해 체계적으로 연구한 최초의 인물은 핀란드의 사회학자인 에드워드 웨스터마크(1862~1939)이다. 그는 1891년에 펴낸 『인류 결혼의 역사 *The History of Human Marriage*』에서 근친상간 회피 이론을 제안했다. 어린 시절부터 함께 사는 사람들 사이에는 성적 감정이 거의 없으므로 성교 행위에 대해 혐오감을 갖게 되는데, 이러한 감정이 혈족 간의 성교를 꺼리는 관습으로 자연스럽게 표현되어 근친상간이 회피되었다는 이론이다. 그러나 회피 이론은 공격을 받게 된다. 만일 인간이 근친상간에 대해 본능적으로 혐오감을 갖고 있다면, 근친상간을 구태여 금지하는 관습이 뿌리내릴 까닭이 없기 때문이다.

회피 이론을 거의 동시에 비판한 사람은 제임스 프레이저(1854~1941)와 지그문트 프로이트(1856~1939)이다. 프레이저는 근친상간 금기의 뿌리를 토템 제도에서 찾았다. 1910년 출간된 『토템 제도와 족외혼 *Totemism and Exogamy*』에서 토템에 기초한 족외혼, 즉 씨족 내에서의 성관계 금지가 근친상간을 제지하는 적절한 수단이 되었다고 보았다. 토템이란 야만인으로 하여금 미신적 존경심을 갖게 하는 물체이다. 이를테면 초자연적인 혹은 상상의 조상을 토템이라 부른다. 토템은 씨족 집단의 상징이다. 그러므로 동일한 토템에 속하는 사람들은 모두 형제자매이며 서로 돕고 보호해야 할 책무가 있다.

프레이저에 따르면, 토템 제도에는 두 가지 계율이 존재하는데, 하나는 자기의 토템을 죽이거나 먹어서는 안 되며, 다른 하나는 같은 토템에 속하는 여자와 절대로 성교하거나 결혼해서는 안 된다는 법칙이다. 야만인들이 근친상간을 철저히 꺼리고 씨족 이외의 상대와 혼인하게 된 이유인 것이다.

근친상간이 본능적 혐오감에 의해 회피된 것이 아니라 문화적 구속력에 의해 금지되었다는 프레이저의 주장은 프로이트의 지지를 받는다. 1913년에 펴낸 『토템과 터부 *Totem und Tabu*』에서 프로이트는 오이디푸스 콤플렉스로 근친상간 금기를 설명했다.

초기 인류는 원시적인 집단을 형성하여 살았는데, 한 마리의 나이 많은 수컷이 암컷들을 전부 독차지했다. 성욕을 발산할 기회를 박탈당한 젊은 수컷들은 음모를 꾸며 아버지인 그 수컷을 잡아먹어 버리고, 아버지의 상대였던 암컷들과 교미한다. 그러나 자식들은 부친 살해에 대해 양심의 가책을 느끼고 아버지를 죽이는 일이 다시 일어나지 않도록 예방하기 위해 어미나 누이와의 간음을 금지하는 관습을 만들었다.

프로이트의 정신분석학적 설명에 따르면, 토템의 자리에 아버지를 대입시킬 때 토템을 죽이지 말 것과 동일 토템에 속한 여성과 성교하지 말 것을 요구하는 토템 제도의 양대 계율이 내용적으로는 아버지를 살해하고 어머니를 아내로 삼은 오이디푸스가 저지른 두 가지 죄와 일치한다. 요컨대 인간은 성이 반대인 부모에게 성적으로 끌리지만, 사회적 제약에 의해 근친상간 충동을 극복할 수 있다는 것이다.

사회적 기능 측면에서 설명

프로이트의 다분히 공상적인 이론은 근친상간 금기의 기원에 대한 설명으로 보기에는 무리가 많았다. 오히려 인간이 근친상간을 저지르기 쉬운 성향이 많은 존재임을 부각시켰을 뿐이다. 프로이트에 도전한 사람은 브로니슬라브 말리노프스키(1884~1942)이다. 1927년에 펴낸 저서에서 그는 근친상간 터부는 사회의 존속을 위한 필요조건으로 유래되었다고 주장했다.

가령 가족 내에서 근친상간이 발생한다면 구성원 사이에 질투심과 소유욕으로 적대 관계가 형성되고, 상간의 결과로 아이를 낳는다면 부녀상간에서 태어난 사내아이가 친모의 남동생이 되는 식으로 생각하기조차 두려운 신분의 전도 사태가 야기되어 부모의 권위가 실추되고 가정이 붕괴될 것이다. 말리노프스키의 기능주의적인 이론에서 사회와 가정이 질서라면 근친상간은 혼돈에 해당된다.

사회적 기능의 측면에서 또 다른 이론을 내놓은 사람은 클로드

레비스트로스(1908~1991)이다. 1949년 출간된 『친족의 기본구조 *The Elementary Structures of Kinship*』에서 그는 '사회 결연 이론'을 제안했다. 농경 집단 사회의 결혼 제도를 호혜적 교환논리로 설명한 이론인데, 결혼이라는 의식을 통해 딸과 누이가 샴페인처럼 선물로 증여되었다는 것이다.

딸과 누이를 이성으로 대하지 못하게 하여 다른 사람에게 선물함으로써 다른 사람의 딸이나 누이에 대해 권리를 주장할 수 있었다. 근친상간이라는 목전의 향락보다는 증여에 의한 교환체계를 선택한 것이다. 왜냐하면 결혼으로 다른 가족과 결연을 맺으면 이득이 많았기 때문이다. 이를테면 농사짓고 둔덕 쌓는 일처럼 일시적으로 노동력을 집중시켜야 될 경우나 전쟁에서 많은 전사들을 동원할 때 혈연으로 맺어진 동맹 관계가 결정적으로 유리했다. 사회 결연 이론은 오로지 경제적인 측면을 강조한 설명으로 일관한 것이 약점으로 지적된다.

회피 이론의 화려한 부활

근친상간 터부를 설명한 이론 중에서 레비스트로스의 결연 이론이 인기가 가장 높았지만 1960년대부터 웨스터마크의 회피 이론이 재조명되기 시작했다. 이스라엘의 집단농장인 키부츠에 사는 사람들과 옛날 중국의 결혼 풍속에서 회피 이론을 뒷받침하는 자료가 확인되었기 때문이다.

키부츠의 어린아이들은 남녀가 침대에서 함께 자고, 목욕하고,

껴안거나 성기를 만지면서 장난을 친다. 그러나 친척이 아님에도 불구하고 그들은 사춘기가 지나서 성관계를 맺기는커녕 오누이처럼 지냈다. 키부츠 출신끼리 결혼한 2천 769쌍에 대해 분석한 결과, 어린 시절을 같이 보낸 부부는 13쌍에 불과했다. 이들마저도 여섯 살이 되기 전에 헤어져 살았던 사람들이었다. 이 통계는 어린 시절을 함께 보낸 가까운 사람 사이에는 성적 접촉에 대한 혐오감이 자연 발생함을 보여 주었다.

중국에서는 양가 부모의 합의하에 소년의 집으로 장차 며느리가 될 동년배의 소녀를 입양하는 풍습이 있었다. 오누이처럼 한 집에서 자란 뒤에 짝을 지은 132쌍의 결혼 생활을 20여 년에 걸쳐 연구한 아서 울프에 따르면, 대부분 결혼이 구역질나며 재미없다고 말했는데 12쌍은 한 번도 성교를 하지 않은 것으로 밝혀졌다. 이혼율은 높았으며 여자 쪽의 혼외정사가 중매 결혼한 경우보다 두 배가량 많았다. 웨스터마크의 회피 이론을 지지하는 사례가 아닐 수 없다.

회피 이론은 동물의 성행동에 대한 관찰을 통해 더욱 뒷받침되었다. 영장류, 특히 인류와 조상이 같은 유인원의 사회에서 동계번식(inbreeding)이 선호되지 않는 것으로 확인되었기 때문이다. 예컨대 침팬지는 난교를 하지만 수컷은 어미 또는 가까운 친척과의 교미를 피하고 암컷은 아들과 짝짓기를 하지 않는다. 고릴라의 하렘에서 우두머리 수컷은 어미, 딸, 누이에 해당되는 암컷과 교미하기 위해 다른 수컷과 다투지 않으며 암컷들은 가족이 아닌 수컷과 짝짓기를 한다.

아주 보기 드문 근친상간이 한 건 확인되었는데, 고릴라 우두머리가 딸과 교미하여 새끼를 낳은 것이다. 고릴라의 가족들은 이 새끼를 살해하였다. 인간보다 하등동물인 유인원조차 동계번식을 본능적으로 회피한다는 사실은 인간의 근친상간에 대한 욕망을 강조한 프로이트의 이론을 정면으로 부정하고 있다.

그렇다면 근친상간은 금지된 것인가, 회피된 것인가. 많은 사람들은 아버지와 딸, 어머니와 아들, 오빠와 누이가 잠자리를 함께한 것이 들통 나서 받게 될 사회적 비난과 처벌이 두려워 근친상간을 삼가는 것일 뿐 매일 유혹을 느끼며 살아가고 있다. 요컨대 근친상간 터부는 문화적 선택의 결과인 것이다. 이것은 프로이트의 주장이다. 그러나 웨스터마크는 그와 정반대의 입장에서 근친끼리는 본능적으로 성관계를 혐오하여 회피한다고 주장한다.

Tip 동계번식이 유전적으로 불리하다는 것은 상식이 되어 있다. 혈족 사이에 자식을 낳으면, 양친 모두가 갖고 있을 경우에 자식에게 나타나는 열성 유전자가 전달될 가능성이 높기 때문이다. 열성 유전자를 가진 자식들은 질병에 걸리기 쉽고 사망률이 높다.

1971년 체코슬로바키아의 부인들이 근친상간으로 낳은 161명의 아이들과, 같은 여자들이 근친상간을 하지 않고 낳은 95명의 아이들을 비교해 본 적이 있는데 근친상간의 경우 15명은 사산 또는 출생 후 1년 이내에 죽었고 40퍼센트 이상은 정신지체, 난쟁이, 심장병 등 신체적 및 정신적 결함으로 고통을 받은 것으로 나타났다. 근친상간과 무관한 95명은 한 명도 정신적 결함이 없을 만큼 정상적이었다. 161명은 부녀상간의 자식 88명, 오누이 상간 72명, 모자상간 1명으로 구성되었다.

동계번식이 유전적으로 불리하다는 고정관념은 친사촌 사이의 혼인을 금기로 여기는 과학적 근거가 된다. 그러나 2002년 미국 워싱턴 대학의 로빈 베넷은 친사촌 결혼이 다른 결혼보다 유전적으로 위험이 많다고 보는 것은 근거가 희박한 주장이라는 연구결과를 발표했다. 베넷에 따르면, 친사촌 사이에 태어난 아기들이 선천적 기형아가 될 가능성은 다른 아기들보다 불과 1.7~2.8퍼센트밖에 높지 않은 것으로 나타났다. 이 정도의 근소한 차이는 크게 문제가 되지 않는다는 게 베넷의 결론이다. 물론 친사촌 결혼을 허용하는 사회가 적지 않고 미국에서는 19개 주가 친사촌 결혼을 금지하는 법규조차 갖고 있지 않은 실정이지만 베넷의 연구결과는 미국사회에서 뜨거운 논쟁을 불러일으켰다.

참고문헌

- 『이인식의 성과학탐사』, 이인식, 생각의나무, 2002

- 『이인식의 세계신화여행』, 이인식, 갤리온, 2008

- *Sexuality, the Bible, and Science*, Stephen Sapp, Fortress Press, 1977

- *Sex and the Bible*, Gerald Larue, Prometheus Books, 1983

- *Human Sperm Competition*, Robin Baker, Mark Bellis, Chapman&Hall, 1995

- *Philosophy and Sex*, Robert Baker, Kathleen Wininger, Prometheus Books, 1998

- *The Mating Mind*, Geoffrey Miller, Doubleday, 2000

- *Why We Love*, Helen Fisher, Henry Holt & Co., 2004

- *Mating Intelligence*, Glenn Geher, Geoffrey Miller, Lawrence Erlbaum Associates, 2007

- "Why Humans Have Sex", Cindy Meston, David Buss, Archives of Sexual Behavior(2007년 8월)

찾아보기(성경 용어)

찾아보기(사람 이름)

칼럼

신문 칼럼 연재

- 〈동아일보〉 이인식의 과학생각 (99. 10~01. 12) : 58회(격주)
- 〈한겨레〉 이인식의 과학나라 (01. 5~04. 4) : 151회(매주)
- 〈조선닷컴〉 이인식 과학칼럼 (04. 2~04. 12) : 21회(격주)
- 〈광주일보〉 테마 칼럼 (04. 11~05. 5) : 7회(월 1회)
- 〈부산일보〉 과학칼럼 (05. 7~07. 6) : 26회(월 1회)
- 〈조선일보〉 아침논단 (06. 5~06. 10) : 5회(월 1회)
- 〈조선일보〉 이인식의 멋진 과학 (07. 4~현재) : 연재 중(매주)

잡지 칼럼 연재

- 〈월간조선〉 이인식 과학칼럼 (92. 4~93. 12) : 20회
- 〈과학동아〉 이인식 칼럼(94. 1~94. 12) : 12회
- 〈지성과 패기〉 이인식 과학 글방 (95. 3~97. 12) : 17회
- 〈과학동아〉 이인식 칼럼 – 성의 과학 (96. 9~98. 8) : 24회
- 〈한겨레 21〉 과학칼럼 (97. 12~98. 11) : 12회
- 〈말〉 이인식 과학칼럼 (98. 1~98. 4) : 4회(연재 중단)
- 〈과학동아〉 이인식의 초심리학 특강 (99. 1~99. 6) : 6회
- 〈주간동아〉 이인식의 21세기 키워드 (99. 2~99. 12) : 42회
- 〈시사저널〉 이인식의 시사과학 (06. 4~07. 1) : 20회(연재 중단)

저서

1987 『하이테크 혁명』, 김영사
1992 『사람과 컴퓨터』, 까치글방
　　　– KBS TV '이 한 권의 책' 테마북 선정
　　　– 문화부 추천도서
　　　– 덕성여대 '교양독서 세미나' 선정도서
1995 『미래는 어떻게 존재하는가』, 민음사
1998 『성이란 무엇인가』, 민음사
1999 『제 2의 창세기』, 김영사

제1회 한국공학한림원 해동상 수상(2005. 12. 5)
왼쪽부터 김정식 해동과학문화재단 이사장, 저자 부부, 윤종용 한국공학한림원 회장

	– 문화관광부 추천도서
	– 간행물윤리위원회 선정 '이달의 읽을 만한 책'
	– 한국출판인회의 선정도서
	– 산업정책연구원 경영자독서모임 선정도서
2000	『21세기 키워드』, 김영사
	– 중앙일보 선정 좋은 책 100선
	– 간행물윤리위원회 선정 '청소년 권장도서'
	『과학이 세계관을 바꾼다』(공저), 푸른나무
	– 문화관광부 추천도서
	– 간행물윤리위원회 선정 '청소년 권장도서'
2001	『아주 특별한 과학 에세이』, 푸른나무
	– EBS TV '책으로 읽는 세상' 테마북 선정
	『신비동물원』, 김영사
	『현대과학의 쟁점』(공저), 김영사
	– 간행물윤리위원회 선정 '청소년 권장도서'
2002	『신화상상동물 백과사전』, 생각의나무
	『이인식의 성과학탐사』, 생각의나무
	– 책으로 따뜻한 세상 만드는 교사들(책따세) 추천도서

『미래교양사전』 출판 기념회(2006. 8. 29) 과학기술계 및 언론출판계의 지인들(위)과
광주제일고등학교 8회 동문들(아래)과 함께

『이인식의 과학생각』, 생각의나무
『나노기술이 미래를 바꾼다』(편저), 김영사
  – 문화관광부 선정 우수학술도서
  – 간행물윤리위원회 선정 '이달의 읽을 만한 책'
『새로운 천년의 과학』(편저), 해나무
2004 『미래과학의 세계로 떠나보자』, 두산동아
  – 한우리독서문화운동본부 선정도서
  – 간행물윤리위원회 선정 '청소년 권장도서'
  – 산업자원부, 한국공학한림원 지원 만화 제작(전 2권)
『미래신문』, 김영사
  – EBS TV '책, 내게로 오다' 테마북 선정
『이인식의 과학나라』, 김영사
『세계를 바꾼 20가지 공학기술』(공저), 생각의나무
2005 『나는 멋진 로봇 친구가 좋다』, 랜덤하우스중앙
  – 동아일보 '독서로 논술잡기' 추천도서
  – 산업자원부, 한국공학한림원 지원 만화 제작(전 4권)
『걸리버 지식 탐험기』, 랜덤하우스중앙
  – 책으로 따뜻한 세상 만드는 교사들(책따세) 추천도서
  – 조선일보 '논술을 돕는 이 한 권의 책' 추천도서
『새로운 인문주의자는 경계를 넘어라』(공저), 고즈윈
  – 과학동아 선정 '통합교과 논술대비를 위한 추천 과학책'
2006 『미래교양사전』, 갤리온
  – 제47회 한국출판문화상(저술부문) 수상
  – 중앙일보 선정 올해의 책
  – 시사저널 선정 올해의 책
  – 동아일보 선정 미래학 도서 20선
  – 조선일보 '정시 논술을 돕는 책 15선' 선정도서
  – 조선일보 '논술을 돕는 이 한 권의 책' 추천도서
『걸리버 과학 탐험기』, 랜덤하우스중앙
2007 『유토피아 이야기』, 갤리온
2008 『이인식의 세계신화여행』(전 2권), 갤리온

제47회 한국출판문화상 수상(2007. 1. 19)
왼쪽부터 최영락 공공기술연구회 이사장, 최규홍 연세대 교수, 저자,
윤정로 카이스트 교수, 백이호 한국기술사회 전무, 이광형 숭실대 교수

원작
만화

『만화 21세기 키워드』(전 3권), 홍승우 만화, 애니북스(2003~2005)
– 부천만화상 어린이 만화상 수상
– 한국출판인회의 선정 '청소년 교양도서'
– 책키북기 선정 추천도서 200선
– 동아일보 '독서로 논술잡기' 추천도서
– 아시아태평양 이론물리센터 '과학, 책으로 말하다' 테마북 선정
『미래과학의 세계로 떠나보자』(전 2권), 이정욱 만화, 애니북스(2005~2006)
– 한국공학한림원 공동발간도서
– 과학기술부 인증 우수과학도서
『와! 로봇이다』(전 4권), 김제현 만화, 애니북스(2007~)
– 한국공학한림원 공동발간도서